高等学校“十三五”规划教材

Java 程序设计案例教程

罗晓娟　李希勇　主编

中国铁道出版社有限公司
CHINA RAILWAY PUBLISHING HOUSE CO., LTD.

内 容 简 介

Java 语言是当今流行的面向对象编程语言之一。本书主要面向高等院校的 Java 程序设计教学要求，采用案例驱动的方式，介绍了 Java 相关知识和如何进行面向对象的程序设计和开发的方法。

全书分为基础篇和提高篇。基础篇每章以一个案例引入，主要介绍 Java 入门、数据类型、运算符与表达式、程序控制语句、数组、类和对象、继承与多态、异常与捕获、实用 API。提高篇以一个待办事项案例为主线，介绍 Swing 组件及事件处理、JDBC 编程、文件读写、多线程机制、集合、泛型和反射机制。

本书坚持实用、够用、简单、直接的教学理念，对教学内容进行精心设计和选择，可以作为应用型本科教材，也可作为软件开发人员及其他有关人员的参考用书。

图书在版编目（CIP）数据

Java程序设计案例教程/罗晓娟，李希勇主编. —北京：中国铁道出版社有限公司，2020.1（2020.9重印）
高等学校“十三五”规划教材
ISBN 978-7-113-26323-2

Ⅰ. ①J… Ⅱ. ①罗…②李… Ⅲ. ①JAVA语言-程序设计-高等学校-教材 Ⅳ. ①TP312.8

中国版本图书馆CIP数据核字(2019)第234691号

书　　名： Java 程序设计案例教程
作　　者： 罗晓娟　李希勇

策　　划： 王春霞　　　　**编辑部电话：**（010）63551006
责任编辑： 王春霞　贾淑媛
封面设计： 刘　颖
责任校对： 张玉华
责任印制： 樊启鹏

出版发行： 中国铁道出版社有限公司（100054，北京市西城区右安门西街 8 号）
网　　址： http://www.tdpress.com/51eds/
印　　刷： 北京柏力行彩印有限公司
版　　次： 2020 年 1 月第 1 版　2020 年 9 月第 2 次印刷
开　　本： 850 mm×1 168 mm　1/16　**印张：** 13.25　**字数：** 279 千
书　　号： ISBN 978-7-113-26323-2
定　　价： 35.00 元

前言

Java是当前的主流编程语言，因其面向对象、平台无关性、安全性等特点，受到广大编程人员的喜爱。Java技术应用广泛，从大型复杂的企业级开发到小型移动设备开发，随处都可以看到Java活跃的身影，所以越来越多的高等院校将Java作为教学的首选编程语言。

本书以普通高等院校学生和Java初学者为对象，旨在编写一本真正适合高等院校学生和Java初学者学习Java程序设计的入门教程。

本书采用案例式教学模式组织教学内容，每章设置一个案例，每个案例都包括案例描述、实现思路、程序编码三个部分。本书内容注重由浅入深、循序渐进，编写力求简洁明了、通俗易懂，对于每一个核心知识点都采用"基础知识+例题"相结合的编写方式，通过例题和案例的实现，使读者迅速掌握Java编程的基本思想和方法，提高读者应用Java技术解决实际问题的能力。

本书由萍乡学院的罗晓娟和李希勇任主编。其中，罗晓娟编写了第1～8章，李希勇编写了第9～13章。在编写过程中，孙毅、张斌、俞丽颖、郑丽佳、梁志强、李宇皓、裴世伟、刘璐姿、张婷等提供了大量帮助，在此向他们表示感谢。

由于编者水平有限，书中难免存在一些不足之处，敬请读者批评指正。

编　者

2019年9月

目 录

基 础 篇

提 高 篇

第10章 “待办事项”管理——JDBC编程技术169

第11章 “待办事项”管理——文件读写179

第12章 “待办事项”提醒功能的实现——多线程机制185

第13章 “待办事项”的存放——集合、泛型和反射机制193

基础篇

第1章 HelloWorld——Java入门

学习目标

- 了解Java的地位、特点。
- 学会安装JDK。
- 掌握使用JDK开发Java程序。
- 学会使用Eclipse开发Java程序。

1.1 案例描述

编写一个输出“Hello world!”的Java程序并运行显示结果。运行结果如图1-1所示。

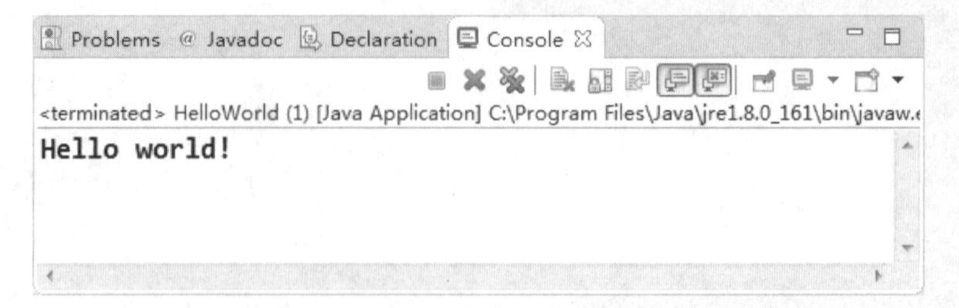

图1-1 案例运行结果

1.2 Java语言概述

1.2.1 Java的诞生

1991年4月，Sun公司的James Gosling领导的绿色计划（Green Project）开始着力发展

一种分布式系统结构，使其能够在各种消费性电子产品上运行。Green项目组的成员一开始使用C++语言来完成这个项目，他们首先把目光锁定了C++编译器，Gosling首先改写了C++编译器，但很快他就感到C++的很多不足，需要研发一种新的语言来替代它，这时Oak语言诞生了。

Java 入门

在17个月后，整个系统完成了，这个系统是更注重机顶盒式的操作系统，不过在当时市场不成熟的情况下，他们的项目没有获得成功，但Oak语言却得到了Sun总裁McNealy的赏识。

直至1994年下半年，由于Internet的迅猛发展和环球信息网WWW的快速增长，第一个全球信息网络浏览器Mosaic诞生了。此时，工业界对适合在网络异构环境下使用的语言有一种非常急迫的需求；James Gosling决定改变绿色计划的发展方向，他们对Oak进行了小规模的改造。因为Oak这个名字已被一家显卡制造商注册了，所以几位研究小组的成员讨论要给这个新的语言换个名字，当时他们正在咖啡馆喝着Java咖啡，有一个人灵机一动说就叫Java怎样，这个提议得到了大家的赞同。Java其实是印度尼西亚爪哇岛的英文名称，因盛产咖啡而闻名。Java语言中的许多库类名称多与咖啡有关，如JavaBeans（咖啡豆）、NetBeans（网络豆）以及ObjectBeans (对象豆)，等等。Sun和Java的标识也正是一杯正冒着热气的咖啡。

Java语言于1995年的5月23日正式诞生。Java的诞生标志着互联网时代的开始，它能够被应用在全球信息网络的平台上编写互动性极强的Applet程序，而1995年的Applet无疑能给人们无穷的视觉和脑力震荡。

1.2.2 Java的发展

Java从第一个版本诞生到现在JDK已经发展到了JDK11版。在这些年里还诞生了无数和Java相关的产品、技术和标准。现在让我们走入时间隧道，回顾一下Java的发展轨迹和历史变迁。

1996年1月23日，JDK 1.0发布，Java语言有了第一个正式版本的运行环境。JDK 1.0提供了一个纯解释执行的Java虚拟机实现（Sun Classic VM）。JDK 1.0版本的代表技术包括：Java虚拟机、Applet、AWT等。

1996年4月，10个最主要的操作系统供应商申明将在其产品中嵌入Java技术。同年9月，已有大约8.3万个网页应用了Java技术来制作。在1996年5月底，Sun公司于美国旧金山举行了首届JavaOne大会，从此JavaOne成为全世界数百万Java语言开发者每年一度的技术盛会。

1998年12月4日，JDK迎来了一个里程碑式的版本JDK 1.2，工程代号为Playground（竞技场），Sun在这个版本中把Java技术体系拆分为3个方向，分别是面向桌面应用开发的J2SE（Java 2 Platform，Standard Edition）、面向企业级开发的J2EE（Java 2 Platform，Enterprise Edition）和面向手机等移动终端开发的J2ME（Java 2 Platform，Micro Edition）。在这个版本中出现的代表性技术非常多，如EJB、Java Plug-in、Java IDL、Swing等，并且这个版本中Java虚拟机第一次内置了JIT（Just In Time）编译器（JDK 1.2中曾并存过3个虚拟机——Classic VM、HotSpot VM和Exact VM，其中Exact VM只在Solaris平台出现过，后面两个虚拟机都是内置JIT编译器的，而之前版本所带的Classic VM只能以外挂的形式使用JIT编译器）。在语言和API级别上，Java添加了strictfp关键字，以及现在Java编码中极为常用的一系列Collections集合类。

2000年5月8日，工程代号为Kestrel（美洲红隼）的JDK 1.3发布，JDK 1.3相对于JDK 1.2的改进主要表现在一些类库上（如数学运算和新的Timer API等），JNDI服务从JDK 1.3开始被作为一项平台级服务提供（以前JNDI仅仅是一项扩展），使用CORBA IIOP来实现RMI的通信协议，等等。这个版本还对Java 2D做了很多改进，提供了大量新的Java 2D API，并且新添加了JavaSound类库。JDK 1.3有1个修正版本JDK 1.3.1，工程代号为Ladybird（瓢虫），于2001年5月17日发布。

自从JDK 1.3开始，Sun公司维持了一个习惯：大约每隔两年发布一个JDK的主版本，以动物命名，期间发布的各个修正版本则以昆虫作为工程名称。

2002年2月13日，JDK 1.4发布，工程代号为Merlin（灰背隼）。JDK 1.4是Java真正走向成熟的一个版本，Compaq、Fujitsu、SAS、Symbian、IBM等著名公司都有参与甚至实现自己独立的JDK 1.4。哪怕是在十多年后的今天，仍然有许多主流应用（Spring、Hibernate、Struts等）能直接运行在JDK 1.4之上，或者继续发布能运行在JDK 1.4上的版本。JDK 1.4同样发布了很多新的技术特性，如正则表达式、异常链、NIO、日志类、XML解析器和XSLT转换器等。

2002年前后还发生了一件与Java没有直接关系，但事实上对Java的发展进程影响很大的事件，那就是微软公司的.NET Framework发布了。这个无论是技术实现上还是目标用户上都与Java有很多相近之处的技术平台给Java带来了很多讨论、比较和竞争，.NET平台和Java平台之间声势浩大的孰优孰劣的论战到目前都在继续。

2004年9月30日，JDK 1.5发布，工程代号Tiger（老虎）。从JDK 1.2以来，Java在语法层面上的改变一直很小，而JDK 1.5在Java语法易用性上做出了非常大的改进。例如，自动装箱、泛型、动态注解、枚举、可变长参数、遍历循环（foreach循环）等语法特性都是在JDK 1.5中加入的。在虚拟机和API层面上，这个版本改进了Java的内存模型（Java Memory Model，JMM）、提供了java.util.concurrent并发包等。另外，JDK 1.5是官方声明可以支持Windows 9x平台的最后一个JDK版本。

2006年12月11日，JDK 1.6发布，工程代号Mustang（野马）。在这个版本中，Sun公司终结了从JDK 1.2开始已经有8年历史的J2EE、J2SE、J2ME的命名方式，启用Java SE 6、Java EE 6、Java ME 6的命名方式。JDK 1.6的改进包括：提供动态语言支持（通过内置Mozilla Java Rhino引擎实现）、提供编译API和微型HTTP服务器API等。同时，这个版本对Java虚拟机内部做了大量改进，包括锁与同步、垃圾收集、类加载等方面的算法都有相当多的改动。

在2006年11月13日的JavaOne大会上，Sun公司宣布最终会将Java开源，并在随后的一年多时间内，陆续将JDK的各个部分在GPL v2（GNU General Public License v2）协议下公开了源码，并建立了OpenJDK组织对这些源码进行独立管理。除了极少量的产权代码（Encumbered Code，这部分代码大多是Sun公司本身也无权限进行开源处理的）外，OpenJDK几乎包括了Sun JDK的全部代码，OpenJDK的质量主管曾经表示，在JDK 1.7中，Sun JDK和OpenJDK除了代码文件头的版权注释之外，代码基本上完全一样，所以OpenJDK 7与Sun JDK 1.7本质上就是同一套代码库开发的产品。

2009年2月19日，工程代号为Dolphin（海豚）的JDK 1.7完成了其第一个里程碑版本。根据JDK 1.7的功能规划，一共设置了10个里程碑。

2009年4月20日，Oracle公司宣布正式以74亿美元的价格收购Sun公司，Java商标从此正式归Oracle所有（Java语言本身并不属于哪家公司所有，它由JCP组织进行管理，尽管JCP主要是由Sun公司或者说Oracle公司所领导的）。由于此前Oracle公司已经收购了另外一家大型的中间件企业BEA公司，在完成对Sun公司的收购之后，Oracle公司分别从BEA和Sun中取得了三大商业虚拟机的其中两个：JRockit和HotSpot，Oracle公司宣布在未来1～2年的时间内，将把这两个优秀的虚拟机互相取长补短，最终合二为一。

2011年7月28日，Oracle公司发布JDK 1.7。

2014年3月18日，Oracle公司发表JDK 8。这是目前使用最普及的JDK版本。

2018年9月25日，Oracle公司发表JDK 11。这是自JDK 8后的首个长期支持版本。据Oracle公司官方发布，Java的版本发布周期为每6个月一次——即每半年发布一个大版本，每个季度发布一个中间特性版本；而新的长期支持版本将每三年发布一次，根据后续发布计划，下一个长期支持版本JDK 17将于2021年发布。

1.2.3　Java的特点

Java语言是一种适用于网络编程的语言，它的基本结构与C++极为相似，但却简单得多。它集成了其他一些语言的特点和优势，又避开了它们的不足之处。它的主要特点如下：

1. 简单

Java与C++相比，不再支持运算符重载、多级继承及广泛的自动强制等易混淆和较少使用的特性，而增加了内存空间自动垃圾收集的功能，复杂特性的省略和实用功能的增加使得开发变得简单而可靠。

Java语言句法和语义都比较单纯，容易学习。Java还提供大量功能丰富的可重用类库，简化了编程工作量。例如，访问网络资源，在C++中需要编写大量复杂的代码，但使用Java只需数行代码，其余工作由Java类库完成。

2. 平台无关

所谓平台是指支持应用程序运行的硬件或软件环境。大多数平台如Windows，Solaris等指的是操作系统与硬件组成的整体。Java平台是完全由软件构成并运行在其他硬件平台之上，支持Java程序运行。Java平台使Java程序与底层平台隔离。Java平台有两个组成部分：Java虚拟机与Java API，如图1-2所示。

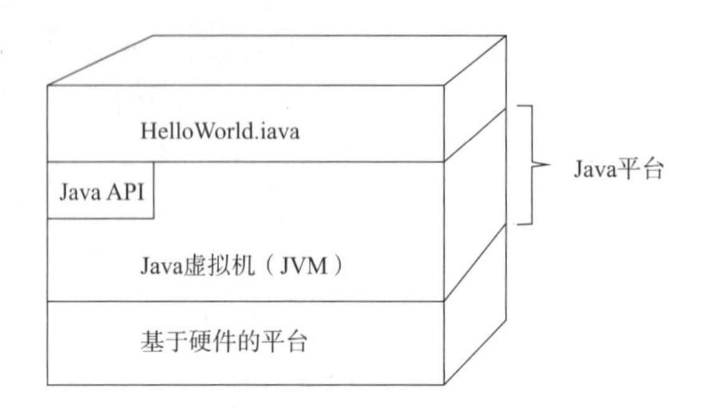

图 1-2　Java 平台

平台无关是Java最吸引人的地方。不同平台上的Java编译器，把Java程序按JVM规范编译为JVM的目标代码，称之为Java字节码。Java字节码可以在各种平台上，在实现JVM的Java运行系统的支持下运行，这就是它的平台无关性。

3. 面向对象

面向对象的技术是近年来软件开发中用得最为普遍的程序设计方法，它通过把客观事物分类组合、参数封装，用成员变量来描述对象的性质、状态，而用方法（成员函数）来实现其行为和功能。面向对象技术具有继承性、封装性、多态性等众多特点，Java在保留这些优点的基础上，又具有动态联编的特性，更能发挥出面向对象的优势。

4. 多线程

多线程机制使应用程序能并行执行，Java有一套成熟的同步原语，保证了对共享数据的正确操作。通过使用多线程，程序设计者可以分别用不同的线程完成特定的行为，而不需要采用全局的事件循环机制，这样就很容易实现网络上实时的交互行为。

5. 动态

Java的设计使它适合于一个不断发展的环境。在类库中可以自由地加入新的方法和实例变量而不会影响用户程序的执行。并且Java通过接口来支持多重继承，使之比严格的类继承具有更灵活的方式和扩展性。

6. 安全

Java有建立在公共密钥技术基础上的确认技术。指示器语义的改变将使应用程序不能再去访问以前的数据结构或是私有数据，大多数病毒也就无法破坏数据。因而，用Java可以构造出无病毒、安全的系统。

1.3 安装 JDK

Java要实现“编写一次，到处运行”（Write once, run anywhere）的目标，就必须要提供相应的Java运行环境，即运行Java程序的平台。本书使用的版本是JDK 8。

1. 下载

可以登录官方网址http://www.oracle.com/technetwork/java/javase/downloads/jdk8-downloads-

2133151.html 免费下载Java SE提供的JDK（jdk-8u161-windows-x64.exe）；如果读者使用其他的操作系统，可以下载其他版本的JDK。

2. 安装

双击jdk-8u161-windows-x64.exe文件图标，出现安装向导界面，单击“下一步”按钮继续，可以使用安装向导界面选择的默认安装路径C:\Program Files\java\jdk1.8.0_161\，或更改安装路径D:\java\，如图1-3所示。

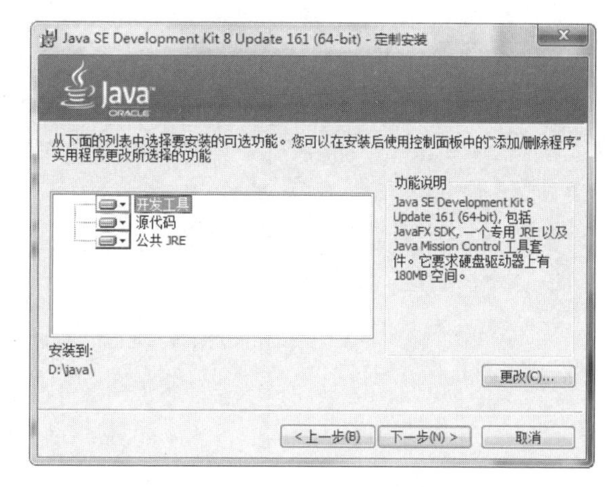

图 1-3　Java 安装向导界面

然后单击“下一步”按钮，完成JDK的安装。

3. 配置环境变量

JDK平台提供的Java编译器（javac.exe）和Java解释器（java.exe）位于JDK目录中的\bin文件夹中，为了能在任何目录中使用编译器和解释器，应在系统中设置环境变量path。

右击桌面上的“计算机”图标，在弹出的快捷菜单中选择“属性”，在弹出的“系统”窗口中单击“高级系统设置”，如图1-4所示。

图 1-4　计算机“系统”窗口

弹出“系统属性”对话框，如图1-5所示，单击“环境变量”按钮，弹出“环境变量”对话框，如图1-6所示。查看系统变量，如果“path”变量不存在，则单击“新建”按钮，如果已经存在，选择“path”变量，单击“编辑”按钮。

图 1-5 “系统属性”对话框

图 1-6 “环境变量”对话框

新建的话，就在弹出的对话框中设置变量名为“path”，变量值为JDK的安装路径下的bin文件夹“D:\java\bin”，如图1-7所示。

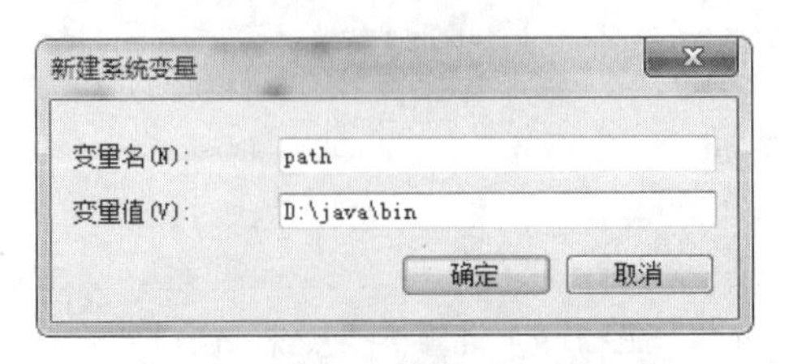

图 1-7 “新建系统变量”对话框

如果是编辑原有的变量，就在变量值框中后面添加“D:\java\bin”，并与前面已有的内容用分号间隔。

4. 测试

单击“开始”菜单，在底部的“搜索程序和文件”框中输入“cmd”，按【Enter】键确认后进入MS －DOS命令行窗口，如图1-8所示。

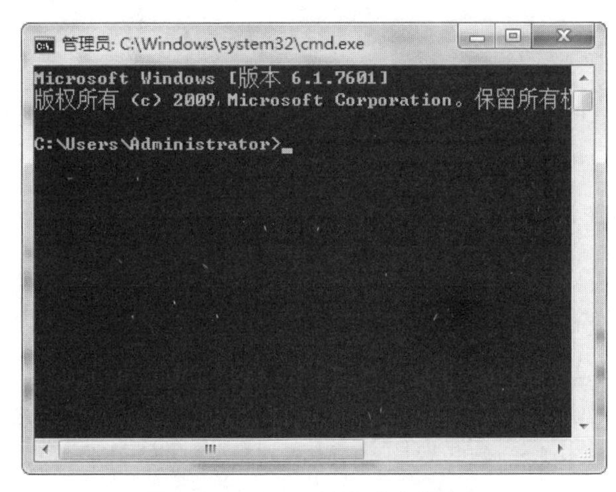

图 1-8　MS － DOS 命令行窗口

输入命令行“javac”，按【Enter】键确认，JDK正确安装并配置好环境变量后，显示效果如图1-9所示。

图 1-9　运行 javac 命令

1.4 Java 程序开发步骤

课程介绍

使用JDK进行Java程序的开发步骤如下：

1. 编写源文件

使用一个文本编辑器，将编写好的文件保存起来，文件的扩展名必须是java。

2. 编译源文件

使用Java编译器（javac.exe）编译源文件，如果源文件没有错误就得到字节码文件，扩展名为class；如果源文件有错误，则会出现提示信息，需要修改源文件后再编译，直到没有错误为止。

3. 运行程序

使用Java解释器（java.exe）来解释执行字节码文件，得到程序运行结果。

1.5 Java 集成开发环境 Eclipse

“工欲善其事，必先利其器。”一个好的集成开发环境（IDE）能帮助我们更方便地进行程序开发。Eclipse 是一个开放源代码的、基于Java的可扩展开发平台。就其本身而言，它只是一个框架和一组服务，用于通过插件组件构建开发环境。幸运的是，Eclipse 附带了一个标准的插件集，包括Java开发工具（Java Development Kit，JDK）。它的开发界面如图1-10所示。

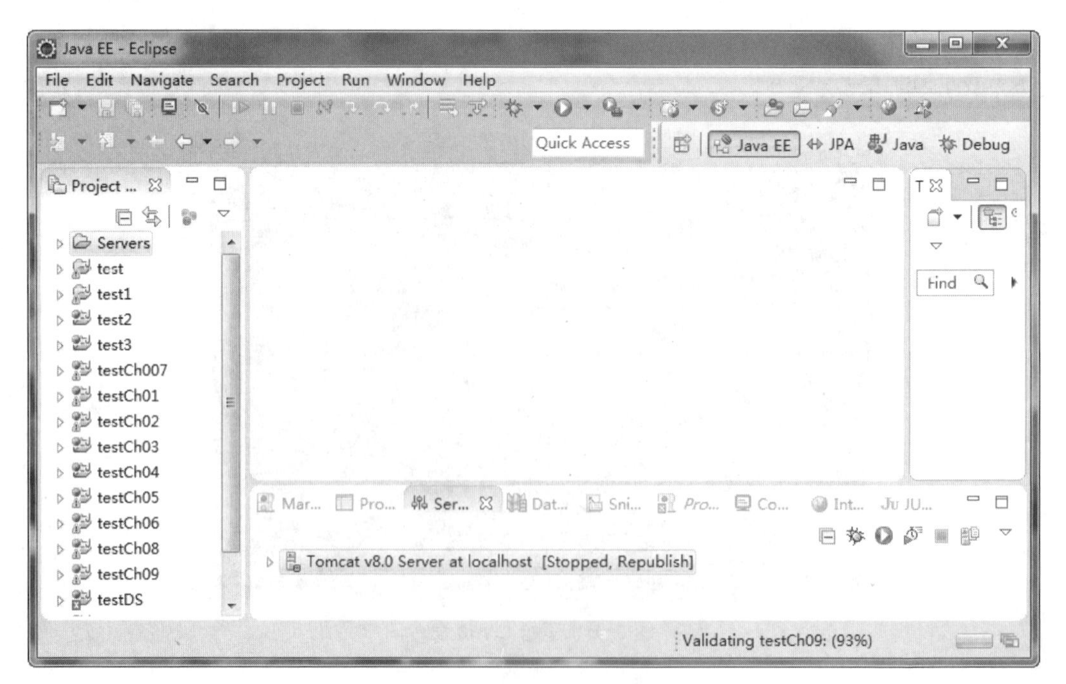

图 1-10 Eclipse 开发界面

单击“Window”菜单项的“Preferences”选项，在弹出的对话框中可以进行Eclipse属性的设置和修改。

1.6 案例实现

1. 使用JDK编译和运行Java程序

使用JDK编译和运行Java程序，操作步骤如下：

（1）编写源文件。使用一个文本编辑器，例如记事本编写源文件如下。

```
public class HelloWorld{
    public static void main(String[] args){
        System.out.println("Hello world!");
    }
}
```

在编写程序时，应养成良好的编程习惯，例如一行最好只写一条语句，保持良好的缩进习惯，注意字母大小写，标点符号用英文半角符号，大括号要配对。

（2）保存源文件。在保存源文件时，在弹出的“另存为”对话框中，首先将保存类型修改为“所有文件(*.*)”，编码使用默认的“ANSI”编码，文件名为“HelloWorld.java”，保存位置更改为D盘，如图1-11所示。

图 1-11　“另存为”对话框

（3）编译。保存了HelloWorld.java源文件后，就可以使用（javac.exe）对其进行编译。进入MS-DOS命令行窗口后，输入命令“D：”，按【Enter】键确认。再输入命令行：

```
javac HelloWorld.java
```

按【Enter】键确认，源文件如果没有错误，编译成功，如图1-12所示。

图 1-12　编译 HelloWorld.java

(4) 运行。编译成功后，会生成一个名为HelloWorld.class的字节码文件。输入命令行：

```
java HelloWorld
```

按【Enter】键确认后，得到运行结果，如图1-13所示。

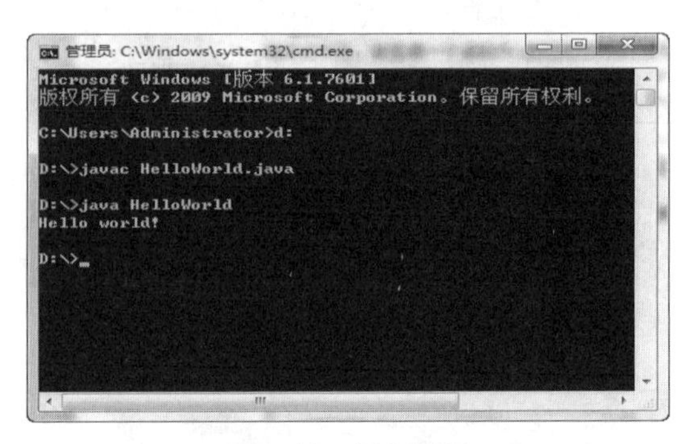

图 1-13　运行结果

2. 使用Eclipse编译运行Java程序

使用Eclipse编译运行Java程序，操作步骤如下：

(1) 使用桌面快捷方式启动Eclipse，新建Java项目（file-new-java-java project），单击“Next”按钮。

(2) 在“Project name”中输入项目名称，如first，如图1-14所示。

(3) 单击“Finish”按钮。

(4) 右击“first”项目，选择“New”→“Class”，如图1-15所示。

(5) 弹出图1-16所示对话框。

(6) 在“Name”中输入“HelloWorld”（注意区分大小写），选中public static void main (String[] args)选项，单击“Finish”按钮。

(7) 在main()函数中输入（注意区分大小写及中英文符号）

```
System.out.println("Hello world!");
```

(8) 单击“Run”菜单中的“Run”命令，在控制台中显示程序运行结果，如图1-17所示。

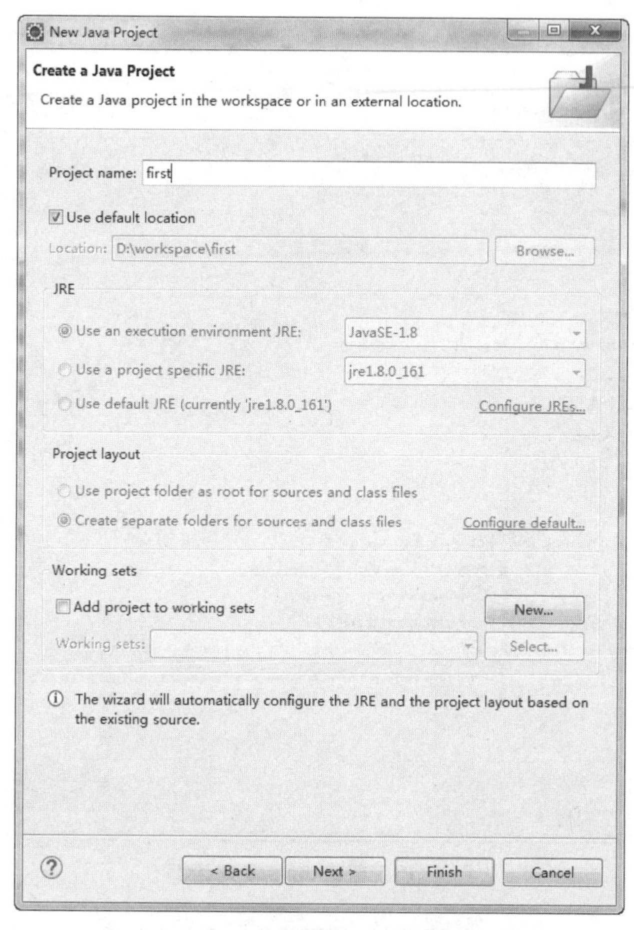

图 1-14　新建 Java 项目对话框

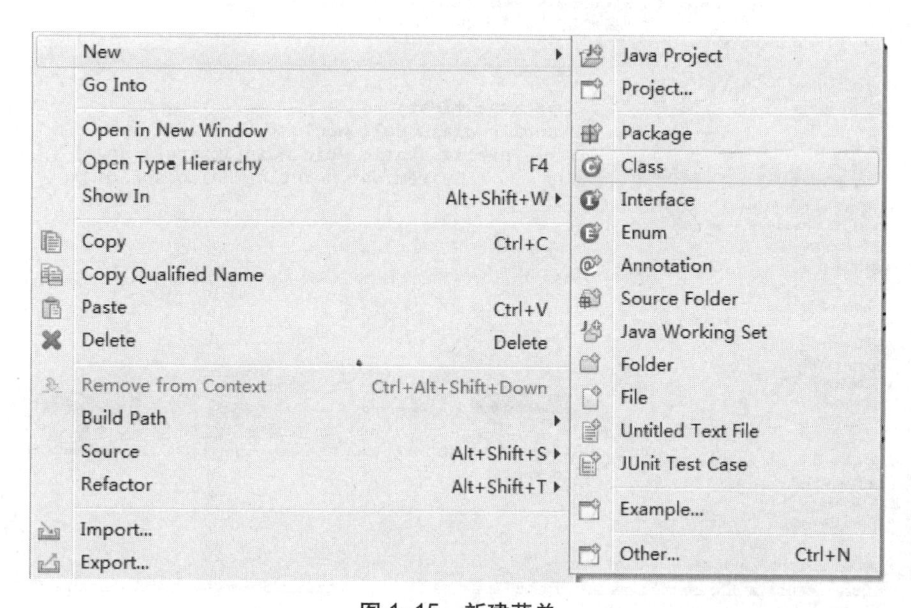

图 1-15　新建菜单

New Java Class

Java Class

Create a new Java class.

Source folder: first/src Browse...

Package: first Browse...

Enclosing type: Browse...

Name:

Modifiers: public package private protected

abstract final static

Superclass: java.lang.Object Browse...

Interfaces: Add... Remove

Which method stubs would you like to create?

public static void main(String[] args)

Constructors from superclass

Inherited abstract methods

Do you want to add comments? (Configure templates and default value here)

Generate comments

Finish Cancel

图 1-16　新建 Java 类对话框

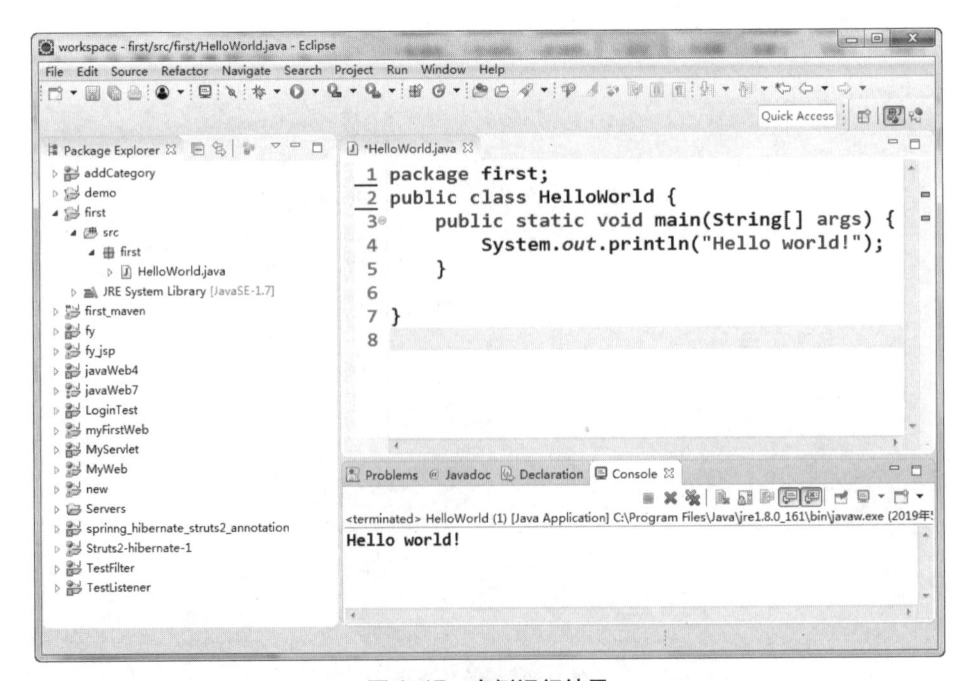

图 1-17　案例运行结果

习　题

1. 选择题

（1）Java的跨平台特性主要是由（　　）支持的。

A. JVM　　B. JRE　　C. JDK　　D. Java SE API

（2）字节码文件是经Java编译器翻译成的一种特殊的二进制文件，由VM负责解释执行，其文件扩展名为（　　）。

A. java　　B. class　　C.obj　　D. bin

（3）Java的开发过程中，不包括的步骤是（　　）。

A. 编辑　　B. 编译　　C. 链接　　D. 运行

（4）Java语言的特点不包括（　　）。

A. 多线程　　B. 多继承　　C. 跨平台　　D. 动态性

（5）下列能生成Java文档的命令是（　　）。

A. Java　　B. javaprot　　C. jdb　　D. javadoc

（6）以下（　　）是Java应用程序main方法的有效定义。

A. public void main (String args[])

B. static void main (String args[])

C. public static void Main (String args[])

D. public static void main (String args[])

2. 思考题

（1）Java程序是如何实现跨平台运行的？其运行机制是什么？

（2）准备Java程序的开发环境需要做哪些工作？

第2章

简易计算器——数据类型、运算符与表达式

学习目标

- 了解Java关键字和标识符。
- 掌握Java基本数据类型。
- 掌握类型转换运算。
- 学会输入、输出数据。

2.1 案例描述

编写一个程序实现：键盘输入两个数，请输出这两个数的和、差、积、商。运行结果如图2-1所示。

```
number1=8
number2=2
8.0+2.0=10.0
8.0-2.0=6.0
8.0*2.0=16.0
8.0/2.0=4.0
```

图2-1 案例运行结果

2.2 关键字与标识符

2.2.1 关键字

Java关键字是Java语言规定的具有特定含义的单词。Java的关键字对Java编译器有特

殊的意义，它们用来表示一种数据类型，或者表示程序的结构等，关键字一律由小写英文字母组成。Java共有50个关键字。表2-1列出了Java的所有关键字和含义，读者可以了解一下在Java语言中这些关键字的大致功能。

表 2-1　Java 关键字及含义

关　键　字	含　　义
abstract	表明类或者成员方法具有抽象属性
assert	断言，用来进行程序调试
boolean	基本数据类型之一，布尔类型
break	提前跳出一个块
byte	基本数据类型之一，字节类型
case	用在 switch 语句之中，表示其中的一个分支
catch	用在异常处理中，用来捕捉异常
char	基本数据类型之一，字符类型
class	声明一个类
const	保留关键字，没有具体含义
continue	回到一个块的开始处
default	默认，例如，用在 switch 语句中，表明一个默认的分支
do	用在 do...while 循环结构中
double	基本数据类型之一，双精度浮点数类型
else	用在条件语句中，表明当条件不成立时的分支
enum	枚举
extends	表明一个类型是另一个类型的子类型，这里常见的类型有类和接口
final	用来说明最终属性，表明一个类不能派生出子类，或者成员方法不能被覆盖，或者成员域的值不能被改变，用来定义常量
finally	用于处理异常情况，用来声明一个基本肯定会被执行到的语句块
float	基本数据类型之一，单精度浮点数类型
for	一种循环结构的引导词
goto	保留关键字，没有具体含义
if	条件语句的引导词
implements	表明一个类实现了给定的接口
import	表明要访问指定的类或包

续表

关 键 字	含 义
instanceof	用来测试一个对象是否是指定类型的实例对象
int	基本数据类型之一，整数类型
interface	接口
long	基本数据类型之一，长整数类型
native	用来声明一个方法是由与计算机相关的语言（如 C/C++/FORTRAN 语言）实现的
new	用来创建新实例对象
package	包
private	一种访问控制权限：私有属性
protected	一种访问控制权限：受保护的属性
public	一种访问控制权限：公共属性
return	从成员方法中返回数据
short	基本数据类型之一，短整数类型
static	表明具有静态属性
strictfp	用来声明 FP_strict（单精度或双精度浮点数）表达式遵循 IEEE 754 算术规范
super	表明当前对象的父类型的引用或者父类型的构造方法
switch	分支语句结构的引导词
synchronized	表明一段代码需要同步执行
this	指向当前实例对象的引用
throw	抛出一个异常
throws	声明在当前定义的成员方法中所有需要抛出的异常
transient	声明不用序列化的成员域
try	尝试一个可能抛出异常的程序块
void	声明当前成员方法没有返回值
volatile	表明两个或者多个变量必须同步地发生变化
while	用在循环结构中

2.2.2 标识符

标识符就是一个标识物体的符号，也就是通常所说的名称。Java语言中，对于变量、常量、方法、类、对象、接口和包等都是有名字的，我们可以将其统称为Java标识符。

Java标识符由数字、字母和下画线（_）、美元符号（$）组成，长度不限。Java语言是大小写敏感的，标识符的首位还不能是数字。最重要的是，Java关键字不能当作Java标识符。下面的标识符是合法的：

```
myName，My_name，Points，$points，OK，_23b，_3_
```

下面的标识符是非法的：

```
#name，25name，class，&time，if
```

编程时，命名要尽量做到见名知义。Java命名还有一些约定的规范，例如：

（1）类和接口名：每个单词的首字母大写，含有大小写。例如，MyClass，HelloWorld，Time等。

（2）方法名：首字符小写，其余单词的首字母大写，含大小写。尽量少用下画线。例如，myName，setTime等。这种命名方法叫作驼峰式命名。

（3）常量名：基本数据类型的常量名使用全部大写字母，字与字之间用下画线分隔。对象常量可大小混写。例如，SIZE_NAME。

（4）变量名：可大小写混写，首字符小写，其余单词的首字母大写。不用下画线，少用美元符号。

2.3 基本数据类型

Java基本数据类型可以分为三类八种。三类分别是字符类型、布尔类型和数值类型。字符类型是指char类型，布尔类型是boolean类型，数值类型又可以分为整数类型byte、short、int、long和浮点数类型float、double。Java中的数值类型不存在无符号的，它们的取值范围是固定的，不会随着机器硬件环境或者操作系统的改变而改变。

数据类型

2.3.1 字符类型——char

字符类型的常量是用单引号(' ')括起来的Unicode表中的一个字符。如：

```
'a'        //字符a
'\t'       //一个制表符
'\u????'   //一个特殊的Unicode字符。????应严格按照四个十六进制数字进行替换
```

有些字符不能通过键盘输入到程序中，这时就需要使用转义字符常量。Java中使用“\”将转义字符与一般的字符区分开来，如表2-2所示。

表 2-2　Java 的常用转义字符

转义序列	含　义	转义序列	含　义
\b	退格符	\r	回车符
\t	水平制表符	\"	双引号
\n	换行符	\'	单引号
\f	换页符	\\	反斜杠

使用关键字char来声明字符类型变量。对于字符类型变量，内存分配给它2个字符，最高位不是符号位，所以char类型的变量的取值范围是0～65 535。例如：

```
char ch='a';
```

内存中存储的就是字符a在Unicode表中的排序位置97，所以该语句也可以写成

```
char ch=97;
```

2.3.2 布尔类型——boolean

Java定义了专门的布尔类型。布尔类型的常量值只有两个，即true和false。

布尔类型的变量使用关键字boolean来定义。例如：

```
boolean flag=false;
```

注意：在Java中，布尔类型的常量和变量常常被用在条件判断语句中。布尔类型变量不是数值型变量，它不能被转换成其他任何一种类型，数值型变量也不能被当作布尔类型变量使用。这一点和C语言完全不同。

2.3.3 数值类型——int byte short long float double

1. 整数类型

Java有四种整数类型，这四种整数类型的变量分别用关键字byte、short、int和long声明。这四种整数类型的变量因为分配的内存空间不同，所以取值范围不同，如表2-3所示。

表 2-3 整数类型取值范围

数据类型	内 存	取值范围
byte	8 位	$-2^7 \sim 2^7-1$
short	16 位	$-2^{15} \sim 2^{15}-1$
int	32 位	$-2^{31} \sim 2^{31}-1$
long	64 位	$-2^{63} \sim 2^{63}-1$

Java中，int类型是最常用的整数类型，数据范围超int的范围就必须用long类型，而短整型short和字节型byte常常用来处理一些底层的文件操作、网络传输，或者定义数组。

Java默认整数计算的结果值是int类型。一个单纯的整数数值就是int类型，byte和short类型没有常量表示法。但是如果表示很大的数，比如用整数表示地理信息系统中地图上点的坐标，或表示国家财政预算的金额等大型数据，就需要用到长整型数值。这时在数值后面直接跟着一个字母“L”或“l”来表明这是一个长整型常量。但由于小写l与数字1容易混淆，因而，使用小写不是一个明智的选择。例如：

```
long money=3000000000L;
```

就是将一个长整型数值赋值给long类型的变量。

在Java中，整数类型都是带符号的数值。Java整数类型的常量可以使用十进制、八进制和十六进制表示，例如字面量2就代表十进制值，字面量047，首位是0代表这个数是一个八进制数值，字面量0xBBAC，由0x开头，表示这是一个十六进制数值。

2. 浮点类型——float和double

Java有两种浮点类型，这两种浮点类型的变量分别用关键字float和double声明。这两种浮点类型的变量因为分配的内存空间不同，所以取值范围不同，如表2-4所示。

表 2-4 浮点类型取值范围

浮点类型	内存	取值范围
float	32 位	大约是 10^{-38} ~ 10^{38} 和 -10^{38} ~ -10^{-38}
double	64 位	大约是 10^{-308} ~ 10^{308} 和 -10^{308} ~ -10^{-308}

float类型的变量在存储float型数据时保留8位有效数字，double类型的变量在存储double类型数据时保留16位有效数字，但它们的实际精度都取决于具体数值。

Java浮点类型常量有两种表示形式：十进制数形式和科学记数法形式。例如：

3.14、314.0、0.314就是十进制数表示形式；314e2、314E2、314E-2（不区分大小写）就是科学记数法表示形式。

在Java中，浮点类型常量的默认类型是double类型，要将其定义为float类型，就需要在数值后面增加“F”或“f”，例如3.14F就表示float类型的常量，3.14表示的是double类型的常量。例如：

```
float number=3.14;
```

这时系统将提示这条语句有错误，“Type mismatch”，不能将double类型的常量赋值给float类型的变量。

2.3.4 数据类型之间的转换

1. 基本数据类型转换

基本数据类型数据间的转换有两种转换方式：自动转换和强制转换，这些转换通常发生在表达式中或方法的参数进行传递的时候。

（1）自动转换。具体地讲，当一个较“小”数据与一个较“大”数据一起运算时，系统将自动将“小”数据转换成“大”数据，再进行运算。而在方法调用时，实际参数较“小”，而被调用的方法的形式参数数据又较“大”时(若有匹配的，当然会直接调用匹配的方法)，系统也将自动将“小”数据转换成“大”数据，再进行方法的调用。几种基本数据类型由“小”到“大”依次是 (byte，short，char)→int→long→float→double。这里所说的“大”与“小”，并不是指占用字节的多少，而是指表示值的范围的大小。

下面的语句可以在Java中直接通过：

```
byte b;
int i=b;
long l=b;
float f=b;
double d=b;
double d=f;
```

如果低级类型为char型，向高级类型（整型）转换时，会转换为对应ASCII码值，例如：

```
char ch='c';
int i=ch;
System.out.println("output:"+i);
```

这时的输出结果为：output:99

对于byte、short、char三种类型而言，它们是平级的，因此不能相互自动转换，可以使用下述的强制类型转换。

```
short i=99 ;
char ch=(char)i;
System.out.println("output:"+c);
```

这时的输出结果为：output:c

（2）强制类型转换。将“大”数据转换为“小”数据时，可以使用强制类型转换，即必须采用下面的语句格式：

```
int n=(int)3.14159/2;
```

可以想象得到，这种转换肯定可能会导致溢出或精度的损失。

2. 表达式数据类型转换

表达式的数据类型自动提升，关于类型的自动提升，注意下面的规则。

- 有的byte、short、char型的值将被提升为int型。
- 如果有一个操作数是long型，其他操作数都是更“小”的类型，计算结果是long型。
- 如果有一个操作数是float型，其他操作数都是更“小”的类型，计算结果是float型。
- 如果有一个操作数是double型，其他操作数都是更“小”的类型，计算结果是double型。

例如：

```
byte b;
b=3;
b=(byte)(b*3);//必须声明byte，否则不能将int类型的数值赋值给byte类型
```

注意：boolean不能参与数据类型的转换。

2.4 运算符和表达式

2.4.1 算术运算符和算术表达式

算术运算符主要用于算术表达式中对数值型数据进行运算，Java的算术运算符如表2-5所示。

表 2-5　算法运算符

运 算 符	名　称	运 算 符	名　称
+	加法	%	取模（求余）
-	减法	++	自增
*	乘法	--	自减
/	除法		

【例2-1】判断number1是否能被number2整除。

```
public class Demo2_1{
public static void main(String[] args) {
   int number1=11;
   int number2=5;
   if(number1%number2==0){
      System.out.println(number1+"能被"+number2+"整除！");
   }else{
      System.out.println(number1+"不能被"+number2+"整除！");
   }
}
}
```

运行程序，控制台输出如图2-2所示。

```
11不能被5整除！
```

图 2-2　例 2-1 运行结果

【例2-2】给出一个两位数的整数，分别取出它的十位数字和个位数字。

```
public class Demo2_2{
  public static void main(String[] args) {
    int number=78;
    int a=number/10;
    int b=number%10;
    System.out.println("a="+a);
    System.out.println("b="+b);
  }
}
```

运行程序，控制台输出如图2-3所示。

a=7
b=8

图 2-3　例 2-2 运行结果

程序中给出的两位数是78，可以分别取到十位上的数字7 和个位上的数字8，取7的运算是：78/10 和78%10。读者可以考虑一下，如果number是一个三位数，应该怎样得到百、十、个位上的数字。

【例2-3】执行以下语句：

```
int a=5;
int b=a++;
int c=++a;
```

后，变量a、b、c的值分别是多少？

```
public class Demo2_3{
  public static void main(String[] args) {
   int a=5;
   int b=a++;     //先赋值b=a，后自增a=a+1
   int c=++a;     //先自增a=a+1，再赋值c=a
   System.out.println("a="+a);         //a=7
   System.out.println("b="+b);         //b=5
   System.out.println("c="+c);         //c=7
  }
}
```

运行程序，控制台输出结果如图2-4所示。

a=7
b=5
c=7

图 2-4　例 2-3 运行结果

2.4.2　关系运算符和关系表达式

关系运算符用来对两个操作数做比较运算。关系表达式就是用关系运算符将两个操作数连接起来的式子，其运算结果为布尔类型，只有true和 false两种可能。Java关系运算符如表2-6所示。

表 2-6　关系运算符

运 算 符	名　称	运 算 符	名　称
==	等于	<	小于
!=	不等于	>=	大于等于
>	大于	<=	小于等于

【例2-4】比较两个数a和b的大小。

```
public class Demo2_4{
public static void main(String[] args) {
   int a=5,b=6;
   System.out.println(a<b);          //因为a小于b成立，所以结果为true
 }
}
```

运行程序，控制台输出结果如图2-5所示。

```
true
```

图2-5 例2-4运行结果

2.4.3 逻辑运算符和逻辑表达式

逻辑运算符的操作数是布尔类型的数据，关系表达式的运算结果就是布尔类型，所以关系表达式通常可以作为逻辑表达式中的操作数，其运算结果仍然是布尔类型。Java逻辑运算符如表2-7所示。

表2-7 逻辑运算符

运 算 符	名 称	运 算 符	名 称
&	与	&&	短路与
|	或	||	短路或
^	异或	!	逻辑非

逻辑运算符的运算规则可归纳为以下几种类型。

- op1&op2：有假则假，全真为真。
- op1|op2：有真则真，全假为假。
- op1^op2：相同为假，不同为真。
- !op1：假则真，真则假。
- op1&&op2：当op1为假时，不再去计算op2的值，结果就为假。
- op1||op2：当op1为真时，不再去计算op2的值，结果就为真。

所以就将&&和||称之为逻辑短路运算符。

【例2-5】逻辑表达式运算示例。

```
public class Demo2_5{
 public static void main(String[] args) {
   int x=2;
   boolean flag1=--x>0&&--x>0&&--x>0;
   System.out.println(flag1+"  ,  "+x);
   x=-1;
   boolean flag2=--x>0&&--x>0&&--x>0;
```

```
    System.out.println(flag2+" ,   "+x);
  }
}
```

运行程序，控制台输出信息如图2-6所示。

```
false ,  0
false ,  -2
```

图 2-6　例 2-5 运行结果

本程序在给flag1赋值时，因为前面的两个操作数值都为真，所以计算到了第3步，x的值自减到了0。给flag2赋值时，x的值自减成-2，关系表达式的值就为假，所以不再进行后面的计算了。

2.4.4　条件运算符和条件表达式

条件运算符是三目运算符，语法格式如下：

```
<逻辑表达式>? <表达式1>:  <表达式2>
```

运算时先判断逻辑表达式的值，当值为true时，此条件表达式的结果为表达式1的值，当逻辑表达式值为false时，此条件表达式的结果为表达式2的值。

【例2-6】用条件运算符输出两数中较大的数。

```
public class Demo2_6{
 public static void main(String[] args) {
   int a=90;
   int b=80;
   int max=(a>b)?a:b;
   System.out.println(max);
 }
}
```

运行程序，控制台输出结果如图2-7所示。

```
90
```

图 2-7　例 2-6 运行结果

2.4.5　赋值运算符和赋值表达式

赋值运算符“=”是双目运算符，左面的操作元必须是变量，不能是常量或表达式，语法格式如下：

```
变量名=表达式;
```

要注意的是：先计算，后赋值；赋值号左右的数据类型要相容，否则需要强制类型转换。例如：

```
byte a=15;
int b=120;
byte c=(byte)(a+b);
```

在赋值运算符“=”前加上其他运算符，则构成扩展赋值运算符，如表2-8所示。扩展赋值运算符的特点是可以使表达式更简练，并且还可以提高程序的编译速度。例如：

```
a+=5等价于a=a+5。
```

表2-8　赋值运算符

运 算 符	表 达 式	等价表达式	运 算 符	表 达 式	等价表达式
+=	op1+=op2	op1=op1+op2	%=	op1%=op2	op1=op1%op2
-=	op1-=op2	op1=op1-op2	&=	op1&=op2	op1=op1&op2
*=	op1*=op2	op1=op1*op2	|=	op1|=op2	op1=op1|op2
/=	op1/=op2	op1=op1/op2	^=	op1^=op2	op1=op1^op2

2.4.6　常用其他运算符

- 括号运算符()：用来改变表达式的运算顺序。
- new运算符：用来实例化对象。
- instanceof运算符：判断一个对象是否为某个类的实例。

2.4.7　运算符的优先级

在对一些比较复杂的表达式进行运算时，要明确表达式中所有运算符参与运算的先后顺序，通常把这种顺序称作运算符的优先级。Java中运算符的优先级如表2-9所示，数字越小优先级越高。

表2-9　运算符优先级

优 先 级	运 算 符
1	. [] ()
2	++ -- ~ !（数据类型）
3	* / %
4	+ -
5	<< >> >>>
6	< > <= >=
7	== !=
8	&
9	^
10	|

续表

<table>
<tr><th>优先级</th><th>运算符</th></tr>
<tr><td>11</td><td>&&</td></tr>
<tr><td>12</td><td>||</td></tr>
<tr><td>13</td><td>?:</td></tr>
<tr><td>14</td><td>= *= /= %= += -= <<= >>= >>>= &= ^= |=</td></tr>
</table>

根据表2-9所示的运算符优先级，分析下面代码的运行结果。

```
int a=2;
int b=(a+3)*a;
System.out.println(b);
```

运行结果为10，由于运算符“()”的优先级最高，因此先运算括号内的a+3，得到的结果是5，再将5与a相乘，得到最后的结果10。

其实没有必要去刻意记忆运算符的优先级。编写程序时，尽量使用括号“()”来实现想要的运算顺序，以免产生歧义。

2.5 输入、输出数据

2.5.1 输入数据

Java通用使用Scanner进行数据的键盘输入。Scanner位于java.util包，使用

```
import java.util.Scanner;
```

导入包。创建Scanner对象的基本语法是：

```
Scanner scanner=new Scanner(System.in);
```

然后scanner可以调用下列next()方法输入各种基本数据类型的数据：

- nextInt()：输入一个整数。
- nextLine()：输入一行字符串。
- nextDouble()：输入一个双精度数。
- next()：输入字符串（以空格作为分隔符）。

【例2-7】按提示输入数据。

```
import java.util.Scanner;
public class Demo2_7{
    public static void main(String[] args){
        Scanner scanner=new Scanner(System.in);
        System.out.print("输入你的姓名: ");
        String name=scanner.nextLine();  //输入字符串
```

```
        System.out.print("输入你的年龄: ");
        int age = scanner.nextInt();        //输入整数
        System.out.println("姓名: "+name+"  年龄: "+age );
    }
}
```

运行程序，在控制台要求用户根据要求进行输入，待用户输入相应信息后，输出结果如图2-8所示。

```
输入你的姓名: Tom
输入你的年龄: 18
姓名: Tom   年龄: 18
```

图2-8　例2-7运行结果

2.5.2　输出数据

Java常用的输出语句有以下几种：

- System.out.println()。
- System.out.print()。
- System.out.printf()。

System.out.println()是最常用的输出语句，它会把括号里的内容转换成字符串输出到控制台，并且换行。当输出的是一个基本数据类型时，会自动转换成字符串，如果输出的是一个对象，会自动调用对象的toString()方法，将返回值输出到控制台。

System.out.print()与第一个类似，区别就是上一个输出后会换行，而这个命令输出后并不换行。

System.out.printf()语句延续了C语言的输出方式，通过格式化文本和参数列表输出。格式是：

```
System.out.printf("格式控制",表达式1, 表达式2,…, 表达式n,);
```

【例2-8】输出一个算术表达式。

```
public class Demo2_8{
   public static void main(String[] args){
      int number1=5;
      int number2=7;
      System.out.println(number1+"+"+number2+"="+(number1+number2));
   }
}
```

运行程序，控制台输出结果如图2-9所示。

```
5+7=12
```

图2-9　例2-8运行结果

2.6 案例实现

简易计算器

1. 数据类型

要进行加减乘除运算，可以定义参加运算的两个数和结果都为double类型，便于数据的存储和计算。

```
double number1,number2,sum,sub,pro,bid;
```

2. 实现思路

使用Scanner键盘输入number1和number2，再分别进行加减乘除运算，因为除法运算时除数不能为零，所以做除法前进行一个判断，如果number2等于0，就不能相除。

输出结果时，将整个表达式完整输出，如3.2+4.7=7.9。

3. 程序编码

```
import java.util.Scanner;
public class Computer{
    public static void main(String[] args){
      double number1,number2;
      Scanner scanner=new Scanner(System.in);
      System.out.print("number1=");
      number1=scanner.nextDouble();
      System.out.print("number2=");
      number2=scanner.nextDouble();
      System.out.println(number1+"+"+number2 + "=" +(number1+number2));
      System.out.println(number1+"-"+number2 + "=" +(number1-number2));
      System.out.println(number1+"*"+number2 + "=" +(number1*number2));
      if(number2!=0)
      System.out.println(number1+"/"+number2 + "=" +(number1/number2));
    }
}
```

运行程序，控制台输出结果如图2-10所示。

```
number1=3.2
number2=4.7
3.2+4.7=7.9
3.2-4.7=-1.5
3.2*4.7=15.040000000000001
3.2/4.7=0.6808510638297872
```

图 2-10　案例运行结果

习　题

1. 选择题

（1）下列定义合法的是（　　）。

A. int TIMKF=1024;　　B. char TIMKF="1024";

C. int TIMKF=10.24;　　D. byte TIMKF=1024;

（2）下列是十六进制整数的是（　　）。

A. 0176　　B. OxC5

C. 6590　　D. f178

（3）有如下的程序段，运行后，x和y的值分别是（　　）。

```
int x= 8, y=2, z;
x=++x*y;
z=x/y++;
```

A. x=18, y=3, z=6　　B. x=16, y=4, z=4

C. x=18, y=2, z=9　　D. x=18, y=3, z=9

（4）整型变量x=1，y=3，经下列计算后，x的值不等于6的是（　　）。

A. x=9-(--y)　　B. x=y>2?6:5

C. x=9-(y--)　　D. x=y*4/2

（5）语句“x*=y+1;”等价于（　　）。

A. x=x*y+1;　　B. x=x*(y+1);

C. x=y+1;　　D. x=y+x;

（6）下面程序的运行结果为（　　）。

```
public class Test{
  public static void main( String args[]){
   System.out.println(100/3);
   System.out.println(100/2.0);
  }
}
```

A. 33和50　　B. 33和50.0

C. 33.3和50　　D. 33.3和50..0

（7）下面程序的运行结果为（　　）。

```
public class Test{
  public static void main(String args[]){
    int a=4,b=6,c=8;
    String s="abc";
    System.out.println( a+b+s+c);
  }
}
```

A. ababcc　　B. 464688　　C. 46abc8　　D. 10abc8

（8）执行完下面的程序代码后，c与result的值是（　　）。

```
boolean a=false;
boolean b=true;
boolean c=(a&&b)&&(!b);
int result=c==false?1:2;
```

A. false和1　　B. true和2　　C. true和1　　D. false和2

2. 思考题

（1）什么是表达式？什么是运算符？它们之间的关系怎样？

（2）算术运算符包含哪些？各有什么作用？

（3）关系运算符和逻辑运算符的作用分别是什么？

第 3 章

猜数游戏——程序控制语句

学习目标

- 了解Java语句类型。
- 掌握分支结构语句使用。
- 掌握循环结构语句的使用。

3.1 案例描述

猜数字游戏，顾名思义，这个游戏就是“你出个数字，我来猜”。程序后台预先生成一个1～100的随机数，用户键盘输入一个所猜的数字，如果输入的数字和后台预先生成的数字相同，则表示猜对了，这时，程序会打印“恭喜您，答对了”；如果不相同，则比较输入的数字和后台预先生成的数字的大小，如果大了，打印“sorry，您猜大了！”如果小了，打印“sorry，您猜小了！”如果一直猜错，则游戏一直继续，直到数字猜对为止，并在最后给出游戏者所猜的次数。

3.2 语句概述

Java语言中语句以分号“;”结束，一条语句构成了一个执行单元，Java的语句有6类。

1．表达式语句

表达式语句由一个表达式构成的语句，结尾处加分号；例如：

```
x=810;
```

就是一条赋值表达式语句。

2. 方法调用语句

例如：

```
System.out.println("Hello");
```

3. 复合语句

用{}把一些语句括起来，一起构成复合语句，例如：

```
{
    x=810-y;
    System.out.println("x="+x);
}
```

4. 空语句

一个{ }也是一条语句，称作空语句。

5. 程序流程控制语句

程序流程控制语句控制程序中的语句的执行顺序，例如，选择结构的语句if和循环结构的语句for。

6. package语句和import语句

package语句和import语句与类、对象有关。

3.3 分支结构

第2章完成的简易计算器程序是按照输入、计算、输出的顺序完成的，这样的问题通过顺序结构就能解决。但在实际生活中经常需要做出一些判断，比如开车来到一个十字路口，这时需要对红绿灯进行判断，如果前面是红灯，就停车等候；如果是绿灯，就通行。再例如做除法的时候，有可能会遇到除数为零的情况，那么就需要先做判断再选择执行，对于要先做判断再选择的问题要使用分支结构。分支结构也称为选择结构，它的执行是依据一定的条件选择执行路径，而不是严格按照语句出现的物理顺序。分支结构的程序设计方法的关键在于构造合适的分支条件和分析程序流程，根据不同的程序流程选择适当的分支语句。分支结构适合于带有逻辑或关系比较等条件判断的计算，设计这类程序时往往都要先绘制其程序流程图。典型的分支结构如图3-1所示，称之为“双分支”结构，由两个分支组成，根据条件是否成立，选择执行其中的一个分支。各分支语句可以是多个语句组成的复合语句，也可以是空语句。双分支结构中有一个分支为空，则称为“单分支”结构，如图3-2所示。如果分支语句本身又是一个分支结构，则构成了“多分支”结构，并且各层分支都可以嵌入一个分支结构，常用的多分支结构如图3-3所示。

Java分支结构语句分为if条件分支语句和switch开关语句。接下来针对分支结构语句进行详细的讲解。

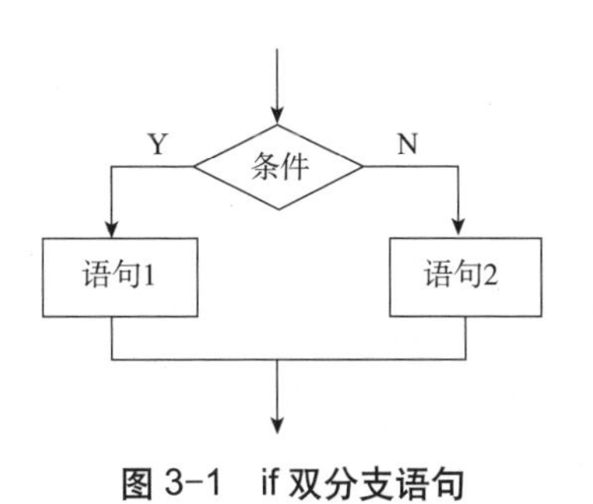

图 3-1　if 双分支语句

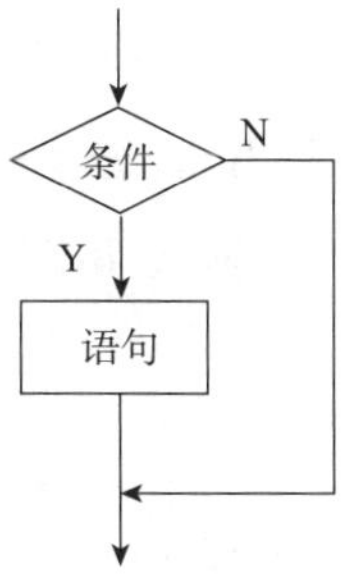

图 3-2　if 单分支语句

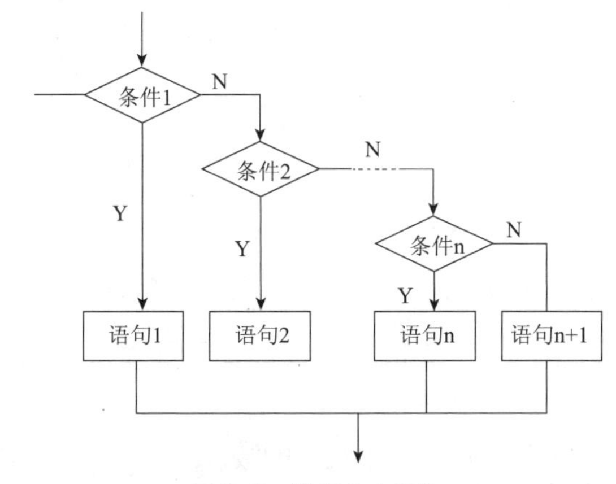

图 3-3　if 多分支语句

3.3.1　if条件分支语句

if语句使程序能够基于某种条件有选择地执行某些语句。

if语句的语法格式如下：

```
if(条件表达式)
  语句1;
[else
  语句2;]
```

if语句的含义是：当条件表达式结果为true时，执行语句1，然后继续执行后面的语句。当逻辑表达式为false时，如果有else子句，则执行语句2，否则跳过该if语句，继续执行后面的语句，语句1和语句2既可以是一条语句，也可以是复合语句。else语句块是一个可选项，当没有选择它时，if语句就是一个单分支语句。

if后面的条件表达式的结果必须是一个逻辑值，不能像其他语言那样以数值来代替，因为Java不提供数值与逻辑值之间的转换。例如，C语言中的判断奇数的条件语句可以写成：

```
if(x%2) ……
```

在Java中就应该写成

```
if(x%2 ==1)
```

```
        System.out.println(x+"是奇数");
    else
        System.out.println(x+"是偶数");
```

【例3-1】键盘输入两个数，输出其中较大的数。

```
import java.util.Scanner;
public class Demo3_1{
    public static void main(String[] args){
        int num1,num2;
        Scanner reader=new Scanner(System.in);
        System.out.print("num1=");
        num1=reader.nextInt();
        System.out.print("num2=");
        num2=reader.nextInt();
        if (num1>=num2)
            System.out.println("The max is "+num1);
        else
            System.out.println("The max is "+num2);
    }
}
```

注意这个条件的正确表达方式是num1>=num2，如果把>=号写为>号，则两者相同的时候没有输出。

【例3-2】键盘输入三个数，输出其中较大的数。

两个数换成三个数，那要比较的次数就更多了，先比较num1和num2，有两种情况，再去和num3比较，又有两种情况。if语句可以表示如下：

```
if(num1>=num2)
{
    if(num1>=num3)
        System.out.println("The max is "+num1);
    else
        System.out.println("The max is "+num3);
}
else
{
    if(num2>=num3)
        System.out.println("The max is "+num2);
    else
        System.out.println("The max is "+num3);
}
```

按照这种思路，如果有四个数呢？那比较这几个数的大小又有多少种情况？要解决这个问题，其实可以换一个思路。如果在前面两个数进行比较后做到让num1就是那个大数，那和第三个数比较的时候就只用num1和num3比较了，再多数的比较也可以依此类推。如果num1<num2，那可以引入一个中间变量交换这两个变量的值。使用这种思路解决例3-2的程序代码如下。

```
import java.util.Scanner;
public class Demo3_2{
    public static void main(String[] args){
        int num1,num2,num3,temp;
        Scanner reader=new Scanner(System.in);
        System.out.print("num1=");
        num1=reader.nextInt();
        System.out.print("num2=");
        num2=reader.nextInt();
        System.out.print("num3=");
        num3=reader.nextInt();
        if(num1<num2)
        {
          temp=num1;
          num1=num2;
          num2=temp;
        }
        if(num1<num3)
        {
          temp=num1;
          num1=num3;
          num3=temp;
        }
        System.out.println("The max is "+num1);
    }
}
```

else语句的另外一种形式是else if语句。可以利用 else if语句构造嵌套的if语句。一个if语句可以有多个 else if语句，但只能有一个else语句。常见的格式如下：

```
if(条件表达式1) {
   语句块1
} else if(条件表达式2) {
   语句块2
}
……
[else {
   语句块n+1
}]
```

这种形式的if语句用于对多个条件进行判断，进行多种不同的处理。例如，对一个学生的考试成绩进行等级的划分，如果分数大于90分等级为优；否则，如果分数大于80分等级为良；否则，如果分数大于70分等级为中；否则，如果分数大于60分等级为及格，否则，等级为不及格。

if...else if...else语句格式中，判断条件是一个布尔值。当判断条件表达式1为true时，其后面的语句块1会被执行。当判断条件表达式1为 false时，会继续执行判断条件表达式2；如果为true则执行语句块2，依此类推。如果所有的判断条件都为false，则意味着所有条件均未满足，else后面{}中的执行语句块n+1会执行。

【例3-3】实现对键盘输入的学生考试成绩进行等级划分的程序。

```
import java.util.Scanner;
public class Demo3_3{
    public static void main(String[] args){
        int grade;
        Scanner reader=new Scanner(System.in);
        System.out.print("grade=");
        grade=reader.nextInt();  //输入学生成绩
        if(grade>=90)  {
        //满足条件 grade>=90
             System.out.println("该成绩的等级为优");
        } else if(grade>=80 )  {
        //不满足条件 grade>=90,但满足条件 grade>=80
             System.out.println("该成绩的等级为良");
        } else if(grade>=70 )  {
        //不满足条件 grade>=80,但满足条件 grade>=70
             System.out.println("该成绩的等级为中");
        } else if(grade>=60 )  {
        //不满足条件 grade>=70,但满足条件 grade>=60
             System.out.println("该成绩的等级为及格");
        } else  {
        //不满足条件 grade> = 60
             System.out.println("该成绩的等级为不及格");
        }
    }
}
```

3.3.2 switch开关语句

switch条件语句也是一种很常用的选择语句，和条件语句不同，它针对的表达式结果不能是布尔型的，应该是一个算术表达式，通过对这个表达式的结果值做出判断，决定要执行的语句块。switch语句的语句格式如下：

```
switch (表达式){
  case c1:
  语句块1;
      break;
  case c2:
  语句块2;
      break;
  …
  case cn:
  语句块n;
      break;
  [default:
  语句块n+1;]
}
```

switch语句的执行是：计算表达式的值，用该值依次和c_1，c_2，…，c_n相比较，如果等于其中之一，例如当表达式的结果等于c_i，那么执行 case c_i之后的语句块i，直到遇到break语句跳到switch之后的语句。如果没有相匹配的c，则执行default之后的语句。

说明：

- switch中的整型表达式的值通常只能是int兼容的类型，即可以是byte、short、char和int型，不允许使用浮点型或long型。并且各case子句中的c_1，c_2，…，c_n只能是int型或字符型常量。
- switch语句中各case分支既可以是单条语句，也可以是由多条语句组成的语句块，该语句块可以不用{}括起来。
- 不论执行哪个case分支，程序都会顺序执行下去，直到遇到 break语句为止。
- default子句是可选的，并且最后一个 break语句可以省略。

switch结构的功能可以用if...else if 结构来实现，但在某些情况下，使用 switch结构更简单，可读性更强，而且程序的执行效率也得到提高。但switch结构在数据类型上受到了限制，如果要比较的数据类型是 double型，则不能使用switch结构。

【例3–4】实现输入一个数字月份，输出它的英文名称的程序。

```
import java.util.Scanner;
public class Demo3_4{
    public static void main(String[] args){
        int month;
        Scanner reader=new Scanner(System.in);
        System.out.print("month=");
        month=reader.nextInt();        //输入数字月份
        switch(month){
          case 1: System.out.println("Januaray"); break.
          case 2: System.out.println("February"); break.
          case 3: System.out.println("March"); break.
          case 4: System.out.println("April"); break.
          case 5: System.out.println("May"): break
          case 6: System.out.println("June"); break
          case 7: System.out.println("July"); break,
          case 8: System.out.println("August");break;
          case 9: System.out.println("September"); break;
          case 10: System.out.println("October"); break;
          case 11: System.out.println("November"); break,
          case 12: System.out printIn("December"); break;
          default: System.out.println("This's not a valid month!");break;
    }
  }
}
```

运行程序，如果输入8，控制台显示“August”，如果输入的数值不是1～12，则显示“This's not a valid month!”。因为每一个case的数值对应的语句内容都不同，所以每个语句块后都需要break语句。再来看下面这个例题。

【例3-5】实现输入一个月份、输出这个月份所包含的天数程序。

```
import java.util.*;
public class Demo3_5{
    public static void main(String[] args){
        int year,month,days;
        Scanner reader=new Scanner(System.in);
        System.out.print("year=");
        year=reader.nextInt();          //输入年份
        System.out.print("month=");
        month=reader.nextInt();         //输入月份
        switch(month){
          case 1:
          case 3:
          case 5:
          case 7:
          case 8:
          case 10:
          case 12: days=31; break;
          case 4:
          case 6:
          case 9:
          case 11:days=30; break;
          case 2:
            if (((year%4==0)&&(year%100!=0))|| (year%400==0))
                days=29;      //判断这个年份是否是闰年
            else
                days=28;
            break;
          default: System.out.println("This's not a valid month!");
            }
          System.out.println("The date is "+year+"."+month+".The number
od Days="+days);
    }
}
```

程序的运行结果如图3-4所示。

```
year=2016
month=2
The date is 2016.2.The number of  Days=29
```

图 3-4　例 3-5 运行结果

程序中当月份是2月份时，加入了闰年的判断，如果这个年份能被4整除但不能被100整除，或者能被400整除，那么它就是闰年，闰年的2月份有29天，不是闰年则2月份是28天，所以在switch语句中嵌套了if判断语句。

需要注意的是，在JDK 5.0之前，switch语句中的表达式只能是byte、short、char、int类型的值，如果传入其他类型的值，程序会报错。但在JDK 5.0中，引入了enum枚举类型也可以作为 switch语句表达式的值，在JDK 7.0中又引入了String类型的值也可以作为switch语句表达式的值。

3.4 循环结构

在实际生活中经常会将同一件事情重复做很多次。比如：在做眼保健操的第4节轮刮眼眶时会重复刮眼眶的动作；打乒乓球时，会重复挥拍的动作等。对于要重复执行的问题，要使用循环结构。循环结构是指程序反复执行某些操作，直到某个条件不再成立为止。

Java中的循环语句有for循环语句、while循环语句和do...while循环语句3种。接下来针对这3种循环语句分别进行详细的讲解。

3.4.1 for循环语句

for循环语句是最常用的循环语句，一般用在循环次数已知的情况下。for循环语句的语法格式如下：

```
for(初始化表达式; 循环条件; 操作表达式) {
    语句块
}
```

在上面的语法结构中，for关键字后面括号中包括了3部分内容——初始化表达式、循环条件和操作表达式，它们之间用分号分隔，{ }中的语句可以是任意条语句，称之为循环体。

【例3-6】编写一个求1+2+3+4+5＝？的程序。

```
public class Demo3_6{
    public static void main(String[] args){
        int sum=0,i;
        for(i=1;i<=5;i++){
            sum+=i;
        }
        System.out.println("sum="+sum);
    }
}
```

程序运行结果为：sum = 15。

程序中，变量i的初始值为1，在判断条件i<=5为true的情况下，会执行循环体sum+=i，执行完毕后，会执行操作表达式i++，i的值变为2，然后继续进行条件判断，开始下一次循环，直到i=6时，条件i<=5为 false，结束循环，执行for循环后面的代码，打印“sum=15”。

为了让初学者能熟悉整个for循环的执行过程，现将例3-6运行期间每次循环中变量sum和i的值通过表3-1列出来。

表 3-1　sum 和 i 循环中的值

循环次数	sum	i
第一次	1	1
第二次	3	2
第三次	6	3
第四次	10	4
第五次	15	5

3.4.2　while 循环语句

while语句的语法格式如下：

```
while(循环条件)  {
   语句块
}
```

while循环语句与前面讲到的条件分支语句有些相似，都是根据条件判断来决定是否执行{}内的语句块。区别在于，while语句会反复地进行条件判断，只要条件成立，{}内的语句块就会执行，直到条件不成立，while循环结束。

在上面的语法结构中，{}中的执行语句被称作循环体，循环体是否执行取决于循环条件，这个循环条件必须是逻辑型的。当循环条件为true时，循环体就会执行。循环体执行完毕时会继续判断循环条件，如条件仍为true则会继续执行，直到循环条件为false时，整个循环过程才会结束。

【例3-7】编写一个求1+3+5+…+99＝？的程序。

```
public class Demo3_7{
    public static void main(String[] args){
       int sum=0,i=1;
       while(i<100){
            sum+=i;
            i=i+2;
          }
          System.out.println("sum="+sum);
    }
}
```

程序运行结果为：sum＝2500。

程序中，i初始值为1，在满足循环条件i<100的情况下，循环体会重复执行，累加i的值并让i自增2。因此循环过程中i的值分别为1、3、5……值得注意的是，程序中i=i+2这句代码用于在每次循环时改变变量i的值，从而达到最终改变循环条件的目的。如果没有这行代码，整个循环会进入无限循环的状态，永远不会结束。当i=101时，循环条件为false，循环结束，输出sum的值。

3.4.3　do...while循环语句

do...while语句的语法格式如下：

```
do {
    语句块
} while(循环条件)
```

do...while循环语句和while循环语句功能类似，在上面的语法结构中，关键字do后面{}中的语句块是循环体。do...while循环语句将循环条件放在了循环体的后面，这也就意味着，循环体会无条件执行一次，然后再根据循环条件来决定是否继续执行。

接下来使用do...while循环语句对例3-7进行改写。

【例3-8】编写一个求1+3+5+…+99＝？的程序。

```
public class Demo3_8{
    public static void main(String[] args){
        int sum=0,i=1;
        do{
            sum+=i;
            i=i+2;
        } while(i<100);
        System.out.println("sum="+sum);
    }
}
```

程序运行结果为：sum = 2500。

例3-7和例3-8运行结果一致，这就说明do...while循环和while循环能实现同样的功能。当然，在程序运行过程中，这两种语句还是有差别的。如果循环条件在循环语句开始时就不成立，那么while循环的循环体一次都不会执行，而do...while循环的循环体还是会执行一次。例如，将文件中的循环条件改为i<1，例3-7会输出sum=1，而例3-8会输出sum=0。

3.4.4　循环嵌套

嵌套循环是指在一个循环语句的循环体中再定义一个循环语句的语法结构。while、do...while、for循环语句都可以进行嵌套，并且它们之间也可以互相嵌套，嵌套层数不受限制，但考虑到效率问题，一般都不超过三层。其中最常见的是在for循环中嵌套for循环，语法格式如下：

```
for(初始化表达式;循环条件;操作表达式) {
...
  for(初始化表达式;循环条件;操作表达式) {
      语句块
  }
  ...
}
```

【例3-9】输出一个5行由“*”画成的直角三角形。

```
public class Demo3_9{
    public static void main(String[] args){
```

```
        int i,j;
        for(int i=1;i<=5;i++) {
            for(int j=1;j<=i;j++) {
                System.out.print("*");
            }
            System.out.println();
        }
    }
}
```

程序运行结果如图3-5所示。

```
*
**
***
****
*****
```

图 3-5　例 3-9 运行结果

程序中定义了两层for循环，分别为外层循环和内层循环，外层循环用于控制打印的行数，内层循环用于打印“*”，每一行的“*”个数逐行增加，最后输出一个直角三角形。由于嵌套循环程序比较复杂，下面分步骤进行详细讲解，具体如下。

第1步，在第3行代码定义了两个循环变量i和j，其中，i为外层循环变量，j为内层循环变量。

第2步，在第4行代码将i初始化为1，条件i<=5为true，首次进入外层循环的循环体。

第3步，在第5行代码将j初始化为1，由于此时i的值为1，条件j<=i为true，首次进入内层循环的循环体，打印一个“*”。

第4步，执行第5行代码中内层循环的操作表达式j++，将j的值自增为2。

第5步，执行第5行代码中的判断条件j<=i，判断结果为 false，内层循环结束。执行后面的代码，打印换行符。

第6步，执行第4行代码中外层循环的操作表达式i++，将i的值自增为2。

第7步，执行第4行代码中的判断条件i<=5，判断结果为true，进入外层循环的循环体，继续执行内层循环。

第8步，由于i的值为2，内层循环会执行两次，即在第2行打印两个“*”。在内层循环结束时会打印换行符。

第9步，依此类推，在第3行会打印3个“*”，逐行递增，直到i的值为6时，外层循环的判断条件i<=5结果为false，外层循环结束，整个程序也就结束了。

3.4.5　break和continue语句

Java中的 break语句和continue语句称为跳转语句。跳转语句用于实现循环执行过程中程序流程的跳转。

1. break语句

在 switch条件语句和循环语句中都可以使用 break语句。当它出现在switch条件语句中时，作用是终止某个case并跳出switch结构。当它出现在循环语句中，作用是跳出循环语句，执行后面的代码。关于在 switch语句中使用 break，前面的例题已经用过了，下面的例题循环中使用了break语句。

【例3-10】求100以内的素数。

```
public class Demo3_10{
    public static void main(String[] args){
        int count=0,i,j;
        for(i=2;i<100;i++) {
        for(j=2;j<=i/2;j++) {
            if(i%j==0)
               break;
        }
           if(j>i/2){
             count++;
             if(count%10==0)
                 System.out.println();
             System.out.print(j+"     ");
           }
         }
    }
}
```

程序运行结果如图3-6所示。

```
2  3  5  7  11  13  17  19  23
29  31  37  41  43  47  53  59  61  67
71  73  79  83  89  97
```

图 3-6　例 3-10 运行结果

程序中定义了两层循环，外循环i从2自增到100，内循环j从2自增到i/2，当i能被j整除时，即i%j==0为true，跳出内循环，如果没有一个能被整除，则当循环条件不成立时退出内循环，输出i值。

当 break语句出现在嵌套循环中的内层循环时，它只能跳出内层循环，如果想使用break语句跳出外层循环，则需要对外层循环添加标号，使用

```
break 标号;
```

跳出指定循环。

2. continue语句

continue语句用在循环语句中，它的作用是终止本次循环，执行下一次循环。下面使用continue语句改写例3-7，对1～100之内的奇数求和。

【例3-11】编写一个求1+3+5+…+99＝？的程序。

```
public class Demo3_11{
    public static void main(String[] args){
        int sum=0,i;
        for(i=1;i<=100;i++){
            if(i%2==0)
                continue;
            sum+=i;
        }
        System.out.println("sum="+sum);
    }
}
```

程序运行结果为：sum = 2500。

程序中i从1自增到100，当i%2==0为true时，使用continue语句结束本次循环，不执行sum+=i; 当i%2==0为false时，循环体继续往下执行，直到循环条件为false时，结束整个循环。

3.5 案例实现

猜数游戏

1. 实现思路

（1）从任务描述中分析可知，要实现此功能，首先程序后台要预先生成一个1 ~ 100的随机数。生成随机数可以使用 Random类中的 nextInt(int n)方法，其具体的方法定义如下：

```
Random random=new Random( );
int xNumber=random.nextInt(100)+1;
```

（2）要使用键盘输入所猜的数字，可以使用 Scanner类，以下代码使用户能够从System.in中读取一个数字。

```
Scanner scan=new Scanner(System.in);
int number=scan.nextInt();
```

（3）输入数字后，需要比较键盘输入的数字和后台预先生成的数字，由于猜数字并非一定一次成功，很可能是多次进行，并且最少要执行一次，因此可以通过do...while循环使程序能够多次从键盘输入，每次输入都进行猜数字对错判断。如果猜对了，跳出循环，输出“恭喜您，答对了!”，结束游戏。

（4）猜数以后，使用if...else语句判断，将错误分为猜大了和猜小了两种结果。如果猜大了，打印“sorry，您猜大了！”继续下一次循环；如果猜小了，打印“sorry，您猜小了！”继续下一次循环。根据结果，给出提示，接着继续猜数字，游戏继续。

2. 程序编码

```
import java.util.*;
public class GuessNumber{
    public static void main(String[] args){
        int xNumber,number,count=0;
```

```
        Random random=new Random();
        xNumber=random.nextInt(100)+1;
        Scanner scan=new Scanner(System.in);
        do {
            count++;
            System.out.print("请输入您猜的数: ");
            number=scan.nextInt();
            if(xNumber>number)
              System.out.println("sorry,您猜小了! ");
            else if (xNumber<number)
              System.out.println("sorry,您猜大了! ");
            else
              System.out.println("恭喜您, 答对了! ");
        }while(xNumber!=number);
      System.out.println("您一共猜了"+count+"次。");
   }
}
```

程序运行的一次结果如图3-7所示。

```
请输入您猜的数：50
sorry,您猜大了！
请输入您猜的数：25
sorry,您猜大了！
请输入您猜的数：12
sorry,您猜大了！
请输入您猜的数：6
sorry,您猜大了！
请输入您猜的数：3
恭喜您，答对了！
您一共猜了5次。
```

图 3-7 案例运行结果

习 题

1. 选择题

(1) 下面各程序段可以输出“OK”结果的是（ ）。

A. double x=1.0;

int y =1;

if(x==y){

System.out.println("OK");}

B. int x=1;

int y=2;

if(x=1 && y=2){

System out println "OK");}

C. boolean x= true ,y= false;
   if(x==y) {
   System out println("OK");}

D. int x=0;
   if(x) {
   System out println("OK");}

（2）下面程序段的输出结果是（　　）。

```
int x;
for(x=5;x>0;x--)
   System.out.print(x);
```

A. 54321　　B. 0

C. 程序报错　　D. 12345

（3）下面程序段的输出结果是（　　）。

```
for(int i=1;i<=20;i++){
    if(i==20-i){
            break ;}
    if(i%2!=0){
            continue;}
    System out print(i+" " );
}
```

A. 4 6 8 10

B. 2 4 6 8

C. 1 2 3 4 5 6 7 8 9 10 11 12 13 14 15 16 17 18 19 20

D. 2 4 6

（4）下面程序段的输出结果是（　　）。

```
public static void main (String args[]){
  int x=0;
  int y=0;
  do{
     switch(x){
        case 0: case 1: case 2: y=y+3;
        case 4: case 5: case 6: case 7: y=y+4;
        case 8: case 9: case 10: y=y+5;
        default: y=y+10; break;
   }
  System .out. print(y+" " );
  x=x+2;
 }while(x<5);
}
```

A. 3 3 7　　B. 3 3 4　　C. 22 44 63　　D. 22 44 66

（5）下列程序的执行结果是（　　）。

```
public class Test{
public static void main(String args[1){
int x=5, y=10;
    if(x>=5)
        System.out.print("x>=5"+'/t');
    if(y<=10)
        System.out.print("y<=10"+'/t');
    else
        System.out.println("y>10");}}
```

A. x>=5　　B. y<=10

C. x>=5 y<=10　　D. y>10

（6）能表示“n介于0和10之间”的Java语句是（　　）。

A. if(0<=n<=10){
System.out.println(“n介于0和10之间”);}

B. if(n>=0 n<=10){
System.out.println(“n介于0和10之间”);}

C. if(n>=0||n<=10){
System.out.println(“n介于0和10之间”);}

D. if(n>=0&&n<=10){
System.out.println(“n介于0和10之间);}

（7）给定下面的程序段，变量i不可以是（　　）数据类型。

```
switch(i){
...
default:
System.out.println("hello");}
```

A. char　　B. float　　C. byte　　D. String

（8）下面的程序段有输出结果，不构成死循环的是（　　）。

A. int i=1;
while(i<10){
if(i%2==0)
System.out.println(i);}

B. int i=1;
while(i<10){
if(i%2==0)
System.out.println(i++);}

C. int i=1;
while(i<10){
if(i%2==0)
System.out.println(++i);}

D. int i=1;

```
while(i<10){
        if((i++)%2==0)
            System.out.println(i);}
```

2. 思考题

（1）结构化程序设计有哪些基本流程结构？分别对应Java中的哪些语句？

（2）do...while语句和while语句有哪些区别？请分别画出它们的流程图。

（3）在循环体中，break语句和continue 语句的执行效果有什么不同？

（4）在switch语句中，表达式结果的数据类型可以是哪些？

（5）在嵌套循环中，如果明确了层循环的循环次数，那么总循环次数为多少？

第 4 章

随机点名器——Java 的数组

学习目标

- 理解数组的概念。
- 掌握一维数组的使用。
- 掌握二维数组的使用。

4.1 案例描述

编写一个随机点名的程序，使其能够在全班学生中随机点中某一名学生的名字。随机点名器具备3个功能，包括存储全班学生姓名、总览全班学生姓名和随机点取其中一人姓名。比如随机点名器首先分别向班级存入刘备、关羽、张飞和诸葛亮这4位学生的名字，然后总览全班学生的姓名，打印出这4位学生的名字，最后在这4位学生中随机选择一位，并打印出该学生的名字，至此随机点名成功。

4.2 数组的引入

基本数据类型的变量只能存储一个不可分解的简单数据，如一个整数或一个字符等。但在实际应用中，有时需要处理大量的数据，例如：统计某专业的学生英语四级考试的平均成绩，在这里假定该专业有100名学生，那么如何存储这100名学生的成绩呢？

4.2.1 引入数组的必要性

上面的问题，可以使用基本数据类型变量来存储学生的成绩，如float类型。此时，需要定义100个float类型变量，显然这种程序设计方法的效率是非常低的。因此，仅有基本数据类型无法满足实际应用的需求，需要使用效率更高的构造类型。

数组是一种处理大量同类型数据的有效数据类型。存储100名学生的成绩，可定义如下的数组：

```
float scores[]=new float[100];
```

该语句定义的数组score可用于存储100个float类型的数据。定义数组，并对数组中的元素赋值后，就可以使用以下简单的循环语句求出所有学生的总成绩和平均成绩。

```
float sum=0;
for(int i=0;i<100;i++) {
    sum+=scores[i];
}
float average=sum/100;
```

对于上述需求，采用数组类型可使问题变得十分简单，大大简化了程序代码。此外，数组使用统一的名称“scores”来管理数组中的每一个元素scores[0]、scores[1]…、scores[98]、scores[99]，这不仅使变量的管理较为方便和统一，而且节省了命名空间。使用数组不但可以处理大量相同类型的数据，在许多场合，问题所涉及的变量之间存在某种内在联系，而又不想用单独的变量来命名时，也可以考虑使用数组。例如，三维坐标系中一个点的三个坐标值就可以用一个一维数组来表示，一个矩阵可以用二维数组来表示。这有利于体现数据内部的逻辑关系。

4.2.2 数组的概念

数组是由数据类型相同的元素组成的有顺序的数据集合。数组中的每个元素都具有相同的数据类型。数组的元素个数称为数组的长度，元素在数组中的位置用下标（或索引）来标识。采用一个下标可唯一确定一个元素的数组称为一维数组，采用两个下标可唯一确定一个元素的数组称为二维数组，依此类推。

可以把数组理解为一组按序号排列的变量的集合。在Java语言中，数组被看作一种对象，相应的数组变量被称为引用类型变量。数组中元素的数据类型既可以是基本数据类型，也可以是引用数据类型，对数组元素所能进行的操作取决于数组元素的数据类型。

4.3 一维数组

数组是一系列同类型数据的集合。简单、常用的数组是一维数组，即通过一个下标可以唯一确定一个元素的数组。在Java语言中，如何定义、创建和使用一维数组呢？

4.3.1 一维数组的定义

首先来看一个简单的数组使用例题。

【例4-1】使用数组求一个学生3门课的平均成绩。

```
public class Demo4_1{
    public static void main(String[] args){
       float scores[]; //声明单精度浮点型数组变量
```

```
        float avg;
        scores=new float [3];//创建数组: 数组长度为3
        scores[0]=63.0f; //数组元素赋值
        scores[1]=90.0f;
        scores[2]=75.0f;
        //数组元素的使用: 计算平均成绩
        avg=(scores [0]+scores[1]+scores[2])/3;
        //数组元素的使用: 输出数组元素的值
       System.out.println("语文成绩: "+ scores[0]);
       System.out.println("数学成绩: "+ scores[1]);
       System.out.println("英语成绩: "+ scores[2]);
       System.out.println("平均成绩: "+avg);  }
    }
}
```

程序运行结果如图4-1所示。

```
语文成绩：63.0
数学成绩：90.0
英语成绩：75.0
平均成绩：76.0
```

图4-1　例4-1运行结果

程序仅计算3门课的平均成绩，似乎不足以充分展示数组的优势，但从本例可清晰地看出数组使用的一般过程和方法。数组的使用包含4个步骤：声明数组变量，创建数组，给数组元素赋值和使用数组。

1. 声明数组变量

声明数组变量的语法格式如下：

```
数据类型[] 数组变量;
```

或

```
数据类型 数组变量[];
```

例如，程序中的代码：

```
float []scores ;
```

float说明数组元素的数据类型为float类型，scores是数组变量的名字。在Java语言中，声明数组时用一对方括号来区别普通变量和数组变量。方括号是数组运算符，既可以放在数据类型的后面，也可以放在数组变量名之后，如：

```
float scores[] ;
```

2. 创建数组

在使用基本数据类型变量时，声明变量后就可以直接给变量赋值。那么，声明数组变量scores后，可以直接给每一个数组元素赋值么？

其实，与基本数据类型变量不同，声明数组变量后不能直接给数组元素赋值。声明一个基本数据类型变量的同时，变量容器的大小（内存空间）就已确定，这个容器的大小就是为该种基本数据类型量身定制的，因此可以直接给变量赋值，就好比将基本数据类型的数据放进变量这个容器中。而在声明一个数组变量时，只知道这个数组元素的类型，并不知道这个数组具体包含多少个元素，因此，在给数组元素赋值之前，必须确定数组元素的个数（即数组的长度），系统才能按数组元素的个数准备相应数量的变量容器，这就是数组的创建。

创建数组的一般形式如下：

```
数组变量=new 数据类型[长度];
```

其中，new是为数组分配内存空间时所使用的特殊运算符。在Java语言中，数组是对象，所有对象都必须通过new运算符生成。数组的长度指数组元素的个数。在例4-1中，通过语句

```
scores=new float[3];
```

创建了一个长度为3的单精度浮点型数组。

> 注意：
>
> 指定数组的长度，在这里使用了常量3，也可以使用变量或表达式形式，但应保证数组的长度大于0（长度为0的数组称为空数组，无意义）。

创建数组后，系统将根据数组元素的个数及数据类型准备相应的内存空间。可见，数组可理解为一组同名的变量，这组变量用数组名 scores统一管理，并采用“数组名[下标]（如 scores[0]）”的方式唯一确定每一个变量，即数组元素变量。

只有当数组创建时，才在内存空间准备存放数组元素的变量容器。数组变量 scores与数组元素之间是通过指向数组第一个元素所在容器的“曲线”连接起来的。事实上，数组变量scores中存放的内容是对数组第一个元素 scores的“引用”，即 scores在内存中的地址。而在数组创建之前，数组变量 scores是不指向任何具体数组元素的。在Java语言中，将这种变量本身存放的不是具体的数据而是某个对象的引用称为引用变量，并规定，当数组变量 scores或其他引用类型变量没有指向任何对象时其值为null，仅声明数组 scores而未创建数组时，scores的值为null。

也可以将例4-1程序中第3、5行语句组合为一条语句，如下所示。

```
float []scores=new float[3];
```

即声明数组变量的同时创建数组。

3. 给数组元素赋值

声明并创建数组后，数组变量 scores指向的数组对象有3个元素。例4-1程序在第6、7、8行分别给这3个数组元素赋值语文、数学、英语3门课的成绩，结果如图4-2所示。

```
scores[0]=63. 0f
scores[1]=90. 0f   → scores → scores[0] scores[1] scores[2]
scores[2]=75.0f
```

图 4-2　数组元素的赋值

由图4-2可见，在内存空间中给数组元素赋值就好比将具体的数据放入数组各元素对应的变量容器中。其中，数组元素对应的变量容器用标签“数组名[下标]”进行标识。通过图4-2中3条赋值语句，scores[0]、scores[1]和 scores[2]分别取得值63.0f、90.0f和75.0f。

数组元素的下标也称为索引（index）。Java语言规定，数组元素的下标从0开始，上限为数组的长度减1。因此，长度为3的数组可以使用元素 scores[0]、scores[1]和 scores[2]，而不能使用scores[3]。如果在程序中使用 scores[3]访问数组的第4个元素，将会引发数组下标越界异常：ArrayIndex Out Of Bounds Exception，有关异常的概念和处理参见第7章。

4. 使用数组

声明、创建数组并对数组元素进行赋值之后，便可以使用数组中的元素了。使用数组元素，可采用如下的形式。

```
数组变量[索引]
```

在程序设计中，通常采用数组下标配合循环结构的形式访问数组，这称为数组的遍历。这样的方式可以提高数据的访问效率，并使程序简化。例如，例4-1的程序中的求求平均成绩的过程可改写为如下形式：

```
for(int i=0;i<3;i++)
   sum+=scores[i];
   avg=sum/3;
```

JDK 1.5以后，Java还支持使用for (数据类型变量名称: 数组名称) 的形式来访问数组。例如上述求和的代码就可以写成：

```
for( float score:scores )
   sum+=score;
```

4.3.2 一维数组的长度

Java语言自动为每个数组变量提供 length属性用来表示数组中元素的个数。使用点运算符便可获得数组的长度，其格式如下：

```
数组变量.length
```

当使用new运算符创建数组时，系统自动给 length赋值。数组一旦创建，其 length属性就确定下来了。程序运行时可以使用“数组变量.length”进行数组边界检查。例如下面的程序代码：

```
for(int i=0;i<3;i++)
```

可以改写为

```
for(int i=0;i<scores.length;i++)
```

建议使用“数组变量.length”的形式获取数组的长度，尽量避免使用常量，这样做有以下好处：

(1)“数组变量.length”的意义一目了然，它表示数组的长度，因而可以增强程序的可读性。相反，如果使用常量3，阅读程序时就必须思考“3”在此处的含义。

（2）“数组变量.length”有利于增强程序的健壮性，避免引起数组下标越界异常。当数组元素个数改变时，比如求10门课的平均成绩，程序中的 i<scores. length语句不必做任何修改。

4.3.3 创建一维数组的方法

Java语言提供了两种方法来创建数组。使用new关键字创建和直接赋值创建。

1. 使用new关键字创建

使用new关键字创建数组的语句示例如下：

```
int a[];          //先声明
a=new int[2];     //再创建
a[0]=4;           //给数组元素赋值
a[1]=7;
```

或

```
char c[]=new char[2];  //声明和创建一起完成
c[0]='a';
C[1]='b';
```

这种方法前面已经介绍过。Java对所有使用new运算符动态分配的存储单元都进行初始化工作，数组元素根据其所属的数据类型获得相应的初值。

2. 直接赋值创建

直接赋值创建数组即声明数组变量的同时为数组元素赋值，数组的长度由所赋值的个数决定。例如：

```
int [ ]intArray=new int[] {1, 2, 3, 4};
```

或简写如下：

```
int [ ]intArray={1, 2, 3, 4};
```

在创建整型数组 intArray的同时，通过“{}”指明数组的元素为1、2、3、4，数组的长度为4 。

注意：

（1）只有声明数组变量时可以采用直接赋值方式，如果在程序中使用下列语句，则直接赋值会使程序出错。

```
scores={63.0f,90.0f,75.0f};//错误
```

（2）无论采用何种方法创建数组，声明数组变量时均不可指定数组的长度。如下面的语句都是错误的。

```
char[10] strs;                    //声明字符型数组变量strs
double datas[3]=new double[3]     //使用new运算符创建双精度浮点型数组
boolean[4] tired={true, false, false,true};
                                  //使用直接赋值方法创建布尔型数组
```

4.3.4 一维数组应用举例

【例4-2】找出一维整型数组中的最大元素及其所在的位置。

```
public class Demo4_2{
    public static void main(String[] args){
        int data[]={31,41,59,26,53,58,97,93,23,84};
        int i=0,k=0,max_data=data[0];
        for(i=1;i<data.length;i++){
          if(max_data<data[i]){
                    max_data=data[i];
                    k=i;
          }
        }
       System.out.println("数组中索引为"+k+"的元素值最大，其值为: "+max_data);
    }
}
```

程序运行结果如图4-3所示。

数组中索引为6的元素值最大，其值为：97

图4-3　例4-2运行结果

程序通过直接赋值的方式创建数组，并假定最大值为数组的第1个元素，使用for循环遍历数组时，判断max_data是否比当前元素小，若结果为true，则表示找到更大的元素，因此将max_data更新为新元素，并记录此时的下标，从而找到最大元素及其下标。

【例4-3】用2～20范围内的偶数初始化数组，向这组数据中插入指定的数，并保持这个数组的大小顺序。

```
public class Demo4_3{
    public static void main(String[] args){
        int intArray[]=new int[11];
        System.out. println("插入数据前数组: ");
        int i;
        for(i=0;i<intArray.length-1;i++){
           intArray[i]=2*(i+1);     //数组元素赋值
           System.out.print(intArray[i]+"\t");
        }
        System.out.println();
        int num=15;                  //要插入的数
        int insertIndex=0;           //记录插入位置变量
        //由于原数组中数据已排列，所以找到第一个比插入数据大的元素所对应下标即为插入
位置，结束查找
        for (i=0;i<intArray.length-1;i++)
          if(num<intArray[i]) break;
        insertIndex =i;
        for(i=intArray.length-1;i>insertIndex;i--)
          intArray[i]= intArray[i-1]; //将插入点及以后的数据向后移动一个位置
        intArray[insertIndex]=num;     //插入指定数据
        System.out.println("插入数据后数组: ");
```

```
        for(i=0; i<intArray.length;i++){
          System.out.print(intArray[i]+"\t");
            }
    }
}
```

程序运行结果如图4-4所示。

```
插入数据前数组:
2       4       6       8       10      12      14      16      18      20
插入数据后数组:
2       4       6       8       10      12      14      15      16      18      20
```

图 4-4 例 4-3 运行结果

程序是向一个已经排好序的数组中插入数据的问题。首先需要找到插入点的位置并将插入点及其后面的数据依次向后移动一个位置，最后插入指定数据，也即给插入点对应的数组元素赋值。

向数组中插入数据要保证数组具有足够的长度。插入数据的关键是找到插入位置，即下标。插入位置原数据及后面的数据依次向后移动一个位置，目的是空出插入位置以插入新数据。要特别注意的是，向后移动数组元素的时候必须从最后一个元素开始移动。

在数组应用中，数组元素的插入、删除、修改、查找、排序都是常用的操作。

4.4 二维数组

现实中还有很多事物难以通过一维进行描述，例如平面上的图形描画。在坐标原点确定后，只要知道组成图形的各个点的坐标就可以描画出点，进而描画出图形。那么，在Java语言中，采用哪种数据类型来存放这些点的坐标呢?

要想描画平面上的任一图形，就必须建立图形点的集合。集合可以采用数组形式进行描述，但图形上的点有两个属性，一个是横向坐标，另一个是纵向坐标。使用一维数组只能确定其中的一个属性。这种情况下就需要使用二维数组来存储点的坐标值。

在Java语言中，如果一维数组的每个元素又是一个一维数组，那么就构成了二维数组。下面介绍二维数组的相关知识及应用。

4.4.1 声明二维数组变量

与一维数组类似，二维数组使用两个中括号[][]来声明，其语法格式如下：

```
数据类型 [][]数组变量;
```

或

```
数据类型 数组变量[][] ;
```

例如：

```
float scores[][];     //声明一个单精度浮点型二维数组变量 scores
```

```
char [][]strs;      //声明一个字符型二维数组变量strs
```

4.4.2 创建二维数组

与一维数组相同，声明二维数组变量并不会给二维数组分配内存空间，数组元素并不存在。二维数组的创建同样有两种方法：使用new关键字动态创建和直接赋值创建。

1. 使用new关键字

语法格式如下：

```
数组变量=new 数据类型[第一维长度][第二维长度];
```

下面是使用new关键字创建二维数组的例子：

```
float points[][]                //声明二维数组变量
points=new float[100][2]        //使用new关键字创建100行2列的单精度浮点型数组
                                //在这里可以用于描述200个平面上的点
int [][]a=new int[3][4];        //声明二维数组变量的同时创建3行4列的整型数组语句
```

创建points数组时，第一个中括号里的数字100表示所创建二维数组的第一维度为100，第二个中括号中的数字2表示所创建二维数组的第二维长度为2。也可以将上述二维数组的逻辑结构设想成矩阵，则上述二维数组 points由100行2列的元素组成，二维数组a由 3行4列的元素组成。

以上创建二维数组的形式，在创建二维数组的同时即确定第一维及第二维的长度。也可以将上述过程分解，先创建第一维的长度，然后确定第二维的长度。示例如下：

```
float points[][]=new float[100][]; //先确定二维数组的第一维长度为100
points [0]=new float[2];           //再确定二维数组的第二维长度为2
...
points [99]=new float[2];
```

以上创建二维数组的过程与语句“ float points[][]= new float[100][2];”的作用是一样的，都是创建一个100行2列的二维数组，不过这样就太麻烦了。

2. 直接赋值创建

声明数组变量的同时可以通过直接赋初值的方法创建二维数组。示例如下：

```
int [][]twoDim={{63, 90, 75}, {85,100,95}};
```

说明：

（1）利用直接赋值方法创建二维数组，不必指出数组每一维的长度，系统会根据初始化时给出的初始值的个数自动计算二维数组每一维的长度。

（2）二维数组的值用两层大括号括起来。其中，外层大括号用逗号分隔的是第一维（行）的元素{63, 90, 75}和{85, 100, 95}。可以看出，第一维有2个元素，每个元素又分别由一个一维数组组成。内层大括号用逗号分隔的是第二维（列）的元素。比如第一维的第一个元素{63, 90, 75}，它是一个由3个元素组成的一维数组，其长度为3，元素分别为63、90、75。如果用矩阵形式表示，这个二维数组由2行3列数组成，如下所示：

```
63   90   75
85   100  95
```

4.4.3 二维数组的赋值与使用

一维数组是通过索引来唯一确定数组中的元素。同样，二维数组元素也是由索引来唯一确定，其一般形式如下：

```
二维数组变量[索引1][索引2]
```

其中，索引1和索引2分别用于指定数组元素第一维和第二维的下标。如 points[1][2] 表示数组 points第2行第3列的元素。与一维数组相同，二维数组的索引也是从0开始的。若需访问数组 points第1行第1列的元素，应为 points[0][0]。

二维数组赋值示例如下：

```
int a[][]=new int[3][2];
a[0][0]=1;
a[0][1]=2;
a[1][0]=3;
a[1][1]=4;
a[2][0]=5;
a[2][1]=6;
```

以上创建了一个3行2列的二维数组，其矩阵形式如下。

```
1  2
3  4
5  6
```

4.4.4 二维数组的长度

在介绍一维数组时，一维数组的长度指的是一维数组中元素的个数，使用“数组变量.length”可以获得一维数组的长度。在Java语言中，二维数组的含义：一维数组的每个元素又是一个一维数组，故称之为二维数组。

二维数组的长度也可以通过“数组变量.length”得到吗？二维数组的长度与二维数组中定元素的个数具有怎样的关系？例如，有二维数组定义如下：

```
float points[][]=new float[100][2];
```

可以理解为二维数组 points有100个元素，其中每一个元素又是一个长度为2的一维数组。因为 points拥有100个元素，所以points. length的值是100 。points的第一个元素用points[0]又是一个拥有2个元素的一维数组，即 points[0].length的值是2。

注意:

使用二维数组时，要区分“二维数组的长度.length”与“二维数组中所能存放具体数据的个数”这两句话，它们的含义不同。二维数组的长度指第一维元素的个数。在二维数组中第一维的各个元素又是一个一维数组，是指向第二维数组元素的引用。二维数组通过索引1和索引2唯一确定一个元素，所能存放具体数据的个数由第一维的长度和第二维的长度共同决定。例如，在上述二维数组 points中，二维数组的长度points.length是100，由于该二维数组为100×2的矩阵型二维数组，所以数组元素个数为200。

4.4.5 非矩阵型二维数组

在Java语言中，由于把二维数组看作数组的数组，数组空间不是连续分配的，所以不要求每个元素（是一个一维数组）具有相同的长度。长度相同的二维数组元素规则排列成矩阵，称之为矩阵型二维数组。反之，每个元素长度不同的二维数组称为非矩阵型二维数组或不规则二维数组。非矩阵型二维数组同样可以通过直接赋值和new关键字两种方式创建。下面简单介绍一下非矩阵型二维数组。

采用直接赋值方式创建非矩阵型二维数组与采用直接赋值方式创建矩阵型二维数组的方法相同，只要给出每一维的具体值即可。示例如下：

```
int [][]arr={{3,14,159,26},{53,5},{897,93,238}};
```

该非矩阵型二维数组中有效的元素与值的对应关系如下。

```
      元素      值
arr[0][0]   3
arr[0][1]   14
arr[0][2]   159
arr[0][3]   26
arr[1][0]   53
arr[1][1]   5
arr[2][0]   897
arr[2][1]   93
arr[2][2]   238
```

注意：

如果访问arr[1][2]这个元素，会产生数组下标越界异常。因此，在使用非矩阵型二维数组时，要注意每一行元素的个数可能不同，避免对不存在的数组元素进行访问。

通过上述定义和赋值，arr数组的各维长度如下：

```
arr.length=3
arr[0].length=4
arr[1].length=2
arr[2].length=3
```

4.4.6 二维数组应用举例

【例4–4】求下列矩阵的转置矩阵。

1 2 3 4

5 6 7 8

9 10 11 12

```
public class Demo4_4{
    public static void main(String[] args){
        int [][]a={{1,2,3,4},{5,6,7,8},{9,10,11,12}};
        int [][]b=new int[4][3];
        System.out.println("转置前矩阵");
```

```
        for(int i=0;i< a.length; i++){
            for(int j=0;j<a[i].length;j++){
                System.out.print(a[i][j]+"\t");
                b[j][i]=a[i][j]; //完成转置
            }
        System.out.println();
        }
        System.out.println("转置后矩阵");
        for(int i= 0;i<b.length;i++){
            for(int j=0;j<b[i].length;j++){
                System.out.print(b[i][j]+"\t");
            }
            System.out.println();
            }
    }
}
```

程序运行结果如图4-5所示。

```
转置前矩阵
1       2       3       4
5       6       7       8
9       10      11      12
转置后矩阵
1       5       9
2       6       10
3       7       11
4       8       12
```

图 4-5　例 4-4 运行结果

所谓矩阵的转置，是将一个矩阵的行和列元素对调构成一个新的矩阵。如果原矩阵为n行m列，经过转置后的矩阵变为m行n列，第i行第j列的元素在转置矩阵中位于第j行第i列。

程序通过嵌套的for循环结构遍历二维数组，将转置前矩阵的列数作为转置后矩阵的行数，将转置前矩阵的行数作为转置后矩阵的列数，实现矩阵的转置。

4.5 案例实现

随机点名器

1. 实现思路

（1）在存储学生姓名时，如果对每一个学生都定义一个变量进行姓名存储，则会出现过多独立的变量，很难一次性处理全部数据。此时，可以使用数组解决多个数据的存储问题。创建一个可以存放多个学生姓名的数组，因为存放的是学生姓名，所以声明字符串类型的数组，打算存几个同学姓名就创建相应长度的数组。

（2）键盘输入学生姓名。将输入的姓名依次赋值给数组各元素，此时便存储了全班学生姓名。键盘输入需要使用 Scanner类，使用nextLine()方法可以从键盘输入中读取一行字符。

（3）对数组进行遍历，打印出数组中每个元素的值，即实现了对全班每一位学生姓名的总览。

（4）根据数组长度，获取随机索引，例如数组长度为4，则获取的随机索引只能在0～3之间，通过随机索引获取数组中的姓名，该姓名也就是随机的姓名。获取随机索引可以使用Random类中的 nextInt(int n)方法。

（5）“随机点名器”明确地分为3个功能，如果将多个独立功能的代码写到一起，则代码相对冗长，可以针对不同的功能将其封装到不同的方法中，将完整独立的功能分离出来，然后只需在程序的main()方法中调用这3个方法即可。

2. 程序编码

```
1. import java.util.Random;
2. import java.util.Scanner;
3. public class CallName{
4. public void addStudentName (String[] students)  {
5.    Scanner sc=new Scanner(System.in);
6.    for(int i=0;i<students.length;i++)  {
7.      System.out.println("存储第"+(i+1)+"个姓名:") ;
8.      students [i]=sc.next();
9.    }
10. }
11. public void printStudentName (String[] students) {
12.    for (int i=0;i<students.length;i++) {
13.        String name=students[i];
14.        System.out.println("第"+(i+1)+"个学生姓名:"+name);
15.    }
16. }
17. public String randomStudentName(String[] students) {
18.    Random random=new Random();
19.    int x=random.nextInt(students.length);
20.    return students[x];
21.    }
22. }
23. public class MainClass {
24.    public static void main(String[] args) {
25.      CallName call=new CallName();
26.      System.out.println("------随机点名器------");
27.      //创建一个可以存储多个同学姓名的容器(数组)
28.      String[] students=new String[4];
29.      //1.存储全班同学姓名
30.      call.addStudentName(students);
31.      //2.总览全班同学姓名
32.      call.printStudentName(students);
33.      //3.随积点名其中一人
```

```
34.         String randomName=call.randomStudentName (students);
35.         System.out.println("被点到名的同学是:"+ randomName);
36.     }
37. }
```

程序运行结果如图4-6所示。

```
------随机点名器------
存储第1个姓名:
刘备
存储第2个姓名:
关羽
存储第3个姓名:
张飞
存储第4个姓名:
诸葛亮
第1个学生姓名:刘备
第2个学生姓名:关羽
第3个学生姓名:张飞
第4个学生姓名:诸葛亮
被点到名的同学是:刘备
```

图 4-6　案例运行结果

程序中第4～10行代码定义了一个 addStudentName()方法，用于实现存储全班学生姓名的功能。其中，通过创建一个String类型的数组students来存储多个学生的姓名，借助 Scanner类通过键盘输入的方式输入学生的姓名，并将这些姓名依次存储到数组元素中；第11～16行代码定义一个 printStudentName()方法，用于实现总览全班学生姓名的功能，通过遍历数组 students的方式打印全班每一位学生的姓名；第17～21行代码定义randomStudentName()方法，用于实现随机点名其中一人的功能，通过 Random类的nextInt(int n)方法获取随机索引，然后根据随机索引从数组中获取姓名，这个姓名就是随机点名到的学生姓名。

习　题

1. 选择题

（1）下列关于数组的描述中，错误的是（　　）。

A. 数组的下标从0开始，上限为数组的长度减1

B. 数组的元素只能是基本数据类型的数据

C. 既可以创建一维数组，也可以创建多维数组

D. 数组要经过声明、分配内存及赋值后，才能被使用

（2）下列关于数组的定义形式，错误的是（　　）。

A. int[]a;a=new int;　　　　B. char b[ ]; b= new char[80];

C. int[] c=new char[10];　　　　D. int [ ][ ] d=new int[2][3];

（3）下列程序代码的运行结果是（　　）。

```
int [ ]array=new int[5];
for (int i=1; i<=5; i++)
System.out.println(array[i]);
```

A. 打印5个0

B. 编译出错，数组array必须初始化

C. 没有输出结果

D. 发生ArrayIndexOutOfBoundsException的异常

（4）下列程序运行的结果是（　　）。

```
public class Test{
    String str="good";
    char[]ch={'a','b','c'};
    public static void main(String args[]){
        Test test=new Test();
        test.change(test.str,test.ch);
        System.out.print(test.str+"and");
        System.out.print(test.ch);
        }
        public void change(String str, char ch[]){
            str="test ok";
            ch[0]='g';
    }
}
```

A. good and abc　　B. good and gbc　　C. test ok and abc　　D. test ok and gbc

（5）设数组由以下语句定义int score=new char[20];，则数组的第一个元素的正确引用方法为（　　）。

A. score[1]　　B. score[0]　　C. score[]　　D. score

（6）有a为3行、4矩阵型二维数组，则a.length*a[0].length的值为（　　）。

A. 3　　B. 4　　C. 12　　D. 表达式错误

（7）执行下列将序代码后，结论正确的是（　　）。

```
String[]s=new String[10];
```

A. s[10]为" "　　B. s[9]为null　　C. s[0]为未定义　　D. s.length为10

2. 思考题

（1）作为引用数据类型，数组变量与基本数据类型的变量在使用时有哪些区别？

（2）对于二维数组，“数组变量名.length”是数组中所有元素的个数吗？为什么？

（3）数组是Java语言中引用数据类型的一种，如何理解数组变量与数组元素之间的引用关系？

第5章

警察抓小偷——类和对象

学习目标

- 掌握类的定义。
- 掌握对象的创建。
- 掌握成员方法的调用。
- 了解定义包和引入类。

5.1 案例描述

编写一个程序：有一个18岁的叫小明的男小偷、一个19岁叫小红的女小偷正在偷东西，分别被一个25岁的叫李平安的男警察和一个22岁的叫张华的女警察抓住了。

5.2 面向对象程序设计概述

5.2.1 程序设计方法的发展

程序设计方法的发展自计算机诞生以来，经历了面向机器的程序设计（Face Computer Programming, FCP），面向过程的程序设计（Process Oriented Programming，POP）和面向对象的程序设计（Object Oriented Programming，OOP）三个阶段。

在早期阶段，计算机的计算能力和存储能力相对低下，主要的编程语言是机器语言和汇编语言，因此，程序设计的目标是在尽可能少占用内存等系统资源的前提下尽量提高程序的执行效率。编制程序时，需考虑计算机实现特定任务所必须采取的执行步骤，即以计算机的工作方式来思考和组织程序。这种面向计算机的编程方式使得程序的编写较为困难，非专业程序员几乎无法胜任。

20世纪60年代后，随着计算机硬件性能的明显提升以及各种高级语言的相继出现，面向过程的程序设计方法悄然兴起。POP方法采用结构化和模块化设计思想，编制的程序具有较好的可读性、清晰性和可维护性，易于通过自顶向下、逐步求精的规划解决许多复杂问题。在POP方法中，程序经常被看成“数据结构”和“算法”的组合。这种将数据存储和数据操作方法分别进行的思路使得编程极易出错，且程序难于调试。同时，由于POP方法设计的程序本质上也是一系列依次执行的指令，因此仍然模仿的是计算机的工作方式，不利于大型程序的开发。

20世纪80年代后，软件的规模越来越大，尤其是图形用户界面程序的开发变得十分困难，这直接导致OOP方法的流行。OOP方法模仿现实世界中物体组合在一起以形成复杂系统的描述方式，把软件系统抽象成各种对象的集合，通过对象的组建和对象间的消息传递构建程序，这种思想非常接近人的自然思维，大大降低了程序开发的复杂性。在OOP方法中，相似的对象被抽象为“类”，类是对象的模板（如汽车图纸），对象是由类产生的具体实例（如具体的一辆汽车），也是程序的基本组成单元。OOP方法将数据和操作数据的方法紧密地结合在一起，降低了程序维护的复杂性。同时，OOP采用继承和多态机制，显著提高了软件开发的可重用性和灵活性。

需要指出的是，OOP和POP方法各适其所，且互为补充。OOP方法适于复杂、大型软件系统的设计，而POP方法擅长于小型问题的模块化求解。此外，具体到OOP方法中一个功能模块的编写，也处处离不开POP编程技术。

5.2.2 面向对象程序设计的特点

面向对象程序设计方法彻底改变了人们编程的思维方式，使得人们相较以往能以更自然的方式考虑程序的组织和实现，从而设计更加健壮和强大的软件。面向对象程序设计的主要特点是封装性（Encapsulation）、继承性（Inheritance）和多态性（Polymorphism）。

1. 封装性

面向对象编程的核心思想之一便是封装，即将一组数据和与这些数据有关的操作方法统一组织在一起，以形成对对象的描述。其中，数据部分用于描述对象的属性，而与数据有关的操作则封装成方法，用于描述对象所具有的行为和功能。用户只需知道对象提供的属性和方法，而不需要知晓对象内部的具体实现细节，便可轻松地访问和使用对象。例如，一辆汽车就是一个被封装起来的对象，用户可以看到它的外观、颜色、尺寸、内饰等属性，可以通过提供的方向盘、油门、刹车、前进后退等档位驾驶该汽车，并不需要知道汽车的内部构造和实现细节。被封装起来的对象就像一个“黑匣子”，可以通过该对象提供的访问手段（即方法）操作该对象，接收来自其他对象的消息。OOP方法使得编程就像组装计算机，将各个配件（封装好的对象）组装在一起，便可搭建成一个功能强大的程序。

封装所带来的好处是对象之外的部分不能随意修改对象内部的数据，从而限制了各种非法访问，有效避免了外部错误对内部数据的影响。同时，封装还实现了错误的局部化，大大降低了查找错误的难度。封装也使程序的可维护性显著提高，因为当一个对象的内部发生变化时，只要其提供的访问方式没有改变，就不必修改程序的其他部分。这正如升级更换一个计算机配件，一般并不需要变动计算机的其他组成部件。

在Java语言中，封装的基本单元是类。类是数据（称为成员变量）和相关操作（称为成员方法）的集合。同时，类是对象的抽象和模板，对象是类的具体实例。编程很多时候就是定义类、由类创建对象、访问对象的过程。

2. 继承性

继承也是面向对象程序设计的重要特性。通过继承，可以显著提高代码复用的效率，减少许多重复劳动。OOP方法支持在现有类的基础上创建新的类。新类在保持现有类的某些特性甚至全部特性的基础上，还可以增加其他新的特性，从而拓展原有类的功能。其中，原有类称为新类的父类，新类称为原有类的子类。在现实世界中，继承的概念比比皆是。例如，可以在普通手机的基础上派生出智能手机，在普通小轿车的基础上派生出高级跑车，在计算机的基础上派生出笔记本式计算机等。继承机制提供了一种在现有类基础上快速定义新类的方法，极大地简化了类的设计。

继承具有传递性，即若B类继承于A类，C类继承于B类，则C类间接继承A类的特性。尽管Java语言的继承机制为“单重继承”，即一个类只能有一个父类，但接口技术使Java具备类似多重继承的能力。

3. 多态性

多态是面向对象程序设计的另一重要特性。多态常指不同的对象接收到相同的消息时，表现出不同的行为和动作。例如，不同的人，当他们说要去运动的时候，根据他们兴趣爱好的不同，有的人可能去游泳，有的人可能去跑步，有的人可能去打球。多态特性使得不同的对象可以依照 自身的需求对同一消息做出恰当的处理。

在Java语言中，多态常常表现在两个方面：一是在同一个类中，允许多个方法同名但它们的参数个数或类型不同，这是方法重载（Overload）导致的多态；二是在子类继承父类的过程中，允许子类和父类具有相同的方法名，即子类重写（Overwrite）父类中的方法，这是成员覆盖（Override）引起的多态。多态特性不仅扩大了对象的适应性，而且增强了程序的灵活性。

5.3 类

类（Class）和对象（Object）是面向对象的核心概念。

类是对一类事物的程序设计语言的描述，侧重对同类事物的共性进行抽象、概括、归纳。类是对象的蓝图，如汽车设计图纸，图纸本身不能驾驶，根据图纸生产出来的汽车才能驾驶。

对象（Object）也叫实例（Instance），是类的实例化，突出个性和特征。在Java中，对象是通过类的实例化创建的，正如按图纸生产出来的汽车。对象才是一个具体存在的实体。一个类可以构造多个该类的对象。

5.3.1 类的定义

类是Java程序中基本的结构单位。Java类的语法格式如下：

```
[类修饰符] class <类名> {
    [成员变量]
    [构造方法]
    [成员方法]
}
```

Java类的定义可以分成两部分：类声明和类体。类体部分包括成员变量的声明、构造方法和成员方法的声明与定义。

1. 类的声明

在类定义中的类声明部分，主要是声明了类的名称以及类的其他属性。类声明的完整格式如下：

```
[类修饰符] class <类名> [extends 父类名] [implements 接口名]
```

其中类修饰符说明了类的属性；extends关键字表示类继承了某个父类；implements关键字表示类实现了某些接口。关于类继承和接口的实现，在后面会做详细说明。

2. 类体

出现在类声明后的{ }中的是类体。类体提供了这个类的对象在生命周期中需要的所有代码，包括构造和初始化新对象的构造方法，表示类及其对象状态的变量，实现类及其对象行为的方法。

类体的定义是一个类定义的主要部分。

5.3.2 成员变量

在类体中声明的不属于任何一个方法的变量，就是这个类的成员变量。类成员变量的基本声明与一般变量声明一样，必须包括类型与变量名，但增加了许多可选的修饰选项。成员变量完整的声明格式如下：

```
[public | protected | private] [static] [final] [transient] [volatile]
类型 变量名;
```

其中修饰符 public、protected或 private说明了对该对象成员变量的访问权限；static属性用来限制该成员变量为类变量，没有用static修饰的成员变量为实例变量；final用来声明一个常量，对于用 final限定的常量，在程序中不能修改它的值，且常量名应该用大写的字母表示，如 CONSTANT等；transient用来声明一个暂时性变量，在默认情况下，类中所有变量都是对象永久状态的一部分，当对象被保存到外存时，这些变量必须同时被保存。用transient限定的变量则指示Java虚拟机该变量并不属于对象的永久状态，从而不能被永久存储。volatile修饰的变量在被多个并发线程共享时，系统将采取更优化的控制方法提高线程并发执行的效率。volatile修饰符是Java的一种高级编程技术，一般程序员很少使用。

成员变量的类型可以是Java中的任何一种数据类型，包括所有的基本数据类型和引用类型。成员变量在整个类中有效，其有效性与它在类体中书写的先后位置无关。

注：

①不提倡把成员变量的声明分散写在方法之间，人们习惯先介绍属性再介绍行为。

②通常使用一行声明一个变量的编程风格。

5.3.3 成员方法

Java中的方法包括方法声明和方法体两部分，一般格式如下：

```
[public | protected | private] [static] [final | abstract] [native]
[synchronized] 返回值类型  方法名 ([<参数列表>]){
    方法体
}
```

其中public、protected或private限定对成员方法的访问权限。static限定它为类方法，而实例方法则不需要 static限定词。abstract表明方法是抽象方法，没有方法体，final指明方法不能被重写，native表明方法是用其他语言实现，synchronized用来控制多个并发线程对共享数据的访问。

最简单的方法声明可以只包括方法名和返回类型，如下所示：

```
返回值类型 方法名()
```

其中返回类型可以是任意的Java数据类型，当一个方法不需要返回值时，返回类型为void。

方法体是对方法的实现。它包括局部变量的声明以及所有合法的Java语句。方法体中可以声明该方法中所用到的局部变量，它的作用域只在该方法内部，当方法返回时，局部变量也不再存在。如果局部变量的名字和类的成员变量的名字相同，则类的成员变量被隐藏，如果要将该类成员变量显露出来，则需在该变量前加上修饰符“this”，例如：

```
class Car{
    String color;
    void setColor(String color){
    this.color=color;
  }
}
```

5.3.4 类的设计

在Java中，对象是通过类创建出来的。因此，在程序设计时，最重要的就是类的设计。接下来就通过一个具体的实例来学习如何设计一个类。

假设要在程序中描述一个学校所有学生的信息，可以先设计一个学生类（Student），在这个类中定义两个成员变量name和age，分别表示学生的姓名和年龄，定义一个方法introduce( )表示学生做自我介绍。根据上面的描述设计出来的 Student类如下所示：

【例5-1】设计一个学生类。

```
public class Student{
      String name;
```

```
        int age;
        public void introduce(){
            System.out.println("大家好，我叫"+name+"，今年"+age+"岁。");
        }
}
```

在例5-1的 Student类中，定义了两个成员变量name和age，其中变量name为 String类型，在Java中使用 String类型的实例对象表示一个字符串。定义了一个成员方法introduce，输出一段字符，其中包含变量name和age的值。

5.4 对象的创建

类是Java语言中最重要的一种数据类型，可以用类来声明变量，用类声明的变量称为对象。在用类声明对象后，还必须要创建对象，即为声明的对象分配所拥有的变量，当使用一个类创建一个对象时，也称给出了类的一个实例。可以这么说，类是创建对象的模板，没有类就没有对象。

5.4.1 构造方法

构造方法是类中一种特殊方法，在一个类中定义的方法如果同时满足以下3个条件，该方法称为构造方法，具体如下：

（1）方法名与类名相同；

（2）在方法名的前面没有返回值类型的声明；

（3）在方法中不能使用return语句返回一个值，但是可以单独写 return语句来作为方法的结束。

允许一个类中编写若干个构造方法，但必须保证它们的参数不同，参数不同是指：参数的个数不同，或参数的个数相同，但参数列表中的某个参数的类型不同。如果类中没有编写构造方法，系统会默认该类中有一个无参空构造方法。例5-1中就默认有一个无参构造方法，写法如下：

```
Student(){
}
```

【例5-2】设计一个学生类，定义了无参和有参构造方法。

```
public class Student{
        String name;
        int age;
        public Student(){              //无参构造方法
            System.out.println("调用了无参构造方法构造了一个学生");
        }
        public Student(String name){    //有一个参数的构造方法
            this.name=name;
            System.out.println("调用了一个参数的构造方法构造了一个学生");
```

```
    }
    public Student(String name,int age){    //有两个参数的构造方法
        this.name=name;
        this.age=age;
        System.out.println("调用了两个参数的构造方法构造了一个学生");
    }
    public void introduce(){
        System.out.println("大家好，我叫"+name+"，今年"+age+"岁。");
    }
}
```

例5-2就在类中定义三个构造方法。什么时候使用哪个构造方法，可以看后面的案例。

5.4.2 创建对象

创建一个对象包括对象的声明和为对象分配变量两个步骤。对象声明的一般格式为：

```
类的名字  对象的名字;
```

例如：

```
Student stu1;
```

声明后就可以使用new运算符和类的构造方法为声明的对象分配变量，这个就叫创建对象。例5-3用例5-2中的Student类创建两个对象stu1和stu2。

【例5-3】创建学生类的三个对象，并调用它的成员方法。

```
public class Demo5_3{
    public static void main(String[] args){
        Student stu1;
        stu1=new Student();
        stu1.name="Tom";
        stu1.age=18;
        Student stu2;
        stu2=new Student("Jerry");
        stu2.age=19;
        Student stu3=new Student("Carry",30);
        stu1.introduce();
        stu2.introduce();
        stu3.introduce();
    }
}
```

运行程序，结果如图5-1所示。

```
调用了无参构造方法构造了一个学生
调用了一个参数的构造方法构造了一个学生
调用了两个参数的构造方法构造了一个学生
大家好，我叫Tom，今年18岁。
大家好，我叫Jerry，今年19岁。
大家好，我叫Carry，今年30岁。
```

图 5-1　例 5-3 运行结果

从程序的运行结果可以看到，例5-3分别调用了无参、一个参数和两个参数的构造方法来创建对象。在创建对象stu3时，例中将对象的声明和对象的创建合并成了一条语句，如下所示：

```
Student stu3=new Student("Carry",30);
```

这也是常用的对象创建的方式。

注：如果只声明对象而不创建对象，这时声明的对象就是一个空对象，空对象是不能使用的。

5.4.3 this关键字

在上面的例题中，在构造方法中表示姓名和年龄的变量名也是name和age，这样做会导致成员变量和局部变量的名称冲突，在方法中将无法访问直接成员变量，为了解决这个问题，Java中提供了一个关键字this来指代当前对象，用于在方法中访问对象的其他成员。

this关键字在程序中有3种常见用法。

（1）通过this关键字可以明确地去访问一个类的成员变量，解决与局部变量名称冲突问题。如例5-2的代码中，构造方法的参数被定义为name，它是一个局部变量，在Student类中已经定义了一个成员变量，名称也是name。在构造方法中如果使用name，则是访问局部变量，但如果使用“this.name”则是访问成员变量。

（2）通过this关键字调用成员方法，具体示例代码如下：

```
public void speak(){
    System.out.println("今天天气真好！");
    this.introduce();
}
```

在上面的speak()方法中，使用this关键字调用intruoduce()方法。不过，此处的this关键字可以省略不写，也就是上面的代码中，写成“this.introduce()”和“introduce()”效果是完全一样的。

（3）构造方法是在实例化对象时被Java虚拟机自动调用的，在程序中不能像调用其他方法一样去调用构造方法，但可以在一个构造方法中使用“ths([参数1，参数2…])”的形式来调用其他的构造方法，示例代码如下：

```
public Student(String name,int age){    //有两个参数的构造方法
    this();
    this.name=name;
    this.age=age;
    System.out.println("调用了两个参数的构造方法构造了一个学生");
}
```

使用这个构造方法创建对象时，运行结果为：

```
调用了无参构造方法构造了一个学生
调用了两个参数的构造方法构造了一个学生
```

上面的代码在有参构造方法中通过this()调用了无参的构造方法，因此运行结果中显示两个构造方法都被调用了。

在使用this调用类的构造方法时，应注意以下几点：

（1）只能在构造方法中使用this调用其他的构造方法，不能在成员方法中使用。

（2）构造方法中，使用this调用构造方法的语句必须位于第一行，且只能出现一次。

（3）能在一个类的两个构造方法中使用this互相调用。

5.4.4 垃圾回收机制

在Java中，当一个对象成为垃圾后仍会占用内存空间，时间一长，就会导致内存空间的不足。针对这种情况，Java中引入了垃圾回收机制。有了这种机制，程序员不需要过多关心垃圾对象回收的问题，Java虚拟机会自动回收垃圾对象所占用的内存空间。

一个对象在成为垃圾后会暂时地保留在内存中，当这样的垃圾堆积到一定程度时，Java虚拟机就会启动垃圾回收器将这些垃圾对象从内存中释放，从而使程序获得更多可用的内存空间。除了等待Java虚拟机进行自动垃圾回收外，还可以通过调用 System.gc()方法来通知Java虚拟机立即进行垃圾回收。当一个对象在内存中被释放时，它的 finalize()方法会被自动调用，因此可以在类中通过定义 finalize()方法来观察对象何时被释放。

接下来通过一个案例来演示Java虚拟机进行垃圾回收的过程。

【例5-4】演示Java虚拟机进行垃圾回收。

```
public class Person {
public void finalize() {
    System.out.println("对象将被作为垃圾回收……");
  }
}
public class Demo5_4 {
public static void main(String[] args) {
   Person p1=new Person() ;
   Person p2=new Person();
   p1=null;
   p2=null;
   System.gc();
   for(int i=1;i<=10000;i++);
   }
}
```

运行程序，结果如图5-2所示。

```
对象将被作为垃圾回收......
对象将被作为垃圾回收......
```

图 5-2 例 5-4 运行结果

程序中的Person类中定义了一个finalize()方法，该方法的返回值必须为void，并且要使用public来修饰。在main()方法中创建了两个对象p1和p2，然后将两个变量置为null，这意味着新创建的两个对象成为垃圾了，紧接着通过“System. gc()”语句通知虚拟机进行垃圾回收。从运行结果可以看出，虚拟机针对两个垃圾对象进行了回收，并在回收之前分别调用两个对象的 finalize()方法。

Java虚拟机的垃圾回收操作是在后台完成的，程序结束后，垃圾回收的操作也将终止。因此，程序的最后使用了一个for循环，延长程序运行的时间，从而能够更好地看到垃圾对象被回收的过程。

需要注意的是，上面只是一个案例，尽量不要主动调用某个对象的finalize()方法，尽量避免强制系统进行垃圾内存的回收，应该交给垃圾回收机制处理。

5.5 成员方法的调用

用户可以调用自己编写的方法，也可以调用JDK或第三方提供的类中的方法。在JDK文档中详细地给出了每个方法的定义、形式参数、功能等说明。方法的调用原则是先定义，后调用。

在调用方法的时候必须明确调用者，通过“类.方法名(实参);”或“对象名.方法名(实参);”的方式来调用。在当前类中调用自己的方法时，可以直接使用“方法名(实参);”进行调用。

调用方法的语法格式如下：

```
调用者.方法名([实际参数表]);
```

方法调用时使用的是实际参数表，定义的时候称之为形式参数表，实际参数的个数和类型必须和形式参数一一对应。

5.5.1　参数传值机制

在Java中，方法的所有参数都是“传值”的，也就是说方法中参数变量的值是调用者指定的拷贝。因此，方法如果改变参数的值，不会影响向参数“传值”的变量的值。但要注意的是，当方法的参数类型是对象或数组等引用类型时，在方法调用中传递给该参数的仍然是调用程序中对应变量的值，即对某个对象或数组的引用。如果在方法中对该参数指向的对象进行修改（如改变成员变量的值），则这种修改将是永久的，即当从方法中退出时，对象的修改将被保留下来，在调用程序中可以看到这种改变。因此，在方法中可能改变引用型参数指向的对象的内容，但是对象的引用不会改变。

5.5.2　基本数据类型参数的传值

对于基本数据类型的参数，向该参数传递的值的级别不可以高于该参数的级别，比如，不可以向int型参数传递一个float类型的值，但可以向 double型参数传递一个float类型的值。

【例5-5】定义 Computer类来创建对象，调用它的 add(int x, int y)方法计算两个整数之和。

```
public class Computer {
public float add(float x,float y) {
    return x+y;
    }
}
public class Demo5_5 {
public static void main(String args[]) {
    Computer com=new Computer();
    int m=100;
    int n=200;
    float result=com.add(m,n); //向float类型的参数传int类型的值
    System.out.println(result);
    //result=com.add(2.5,3.67);
    //向float类型的参数传double类型的值，此语句编译出错，正确的写法是
    result=com.add(2.5f,3.67f);
    System.out.println(result);
    }
}
```

程序的运行结果如图5-3所示。

```
300.0
6.17
```

图 5-3　例 5-5 运行结果

5.5.3　引用类型参数的传值

Java的引用类型数据包括前面学习的数组、刚刚学习的对象以及后面要学习的接口。当参数是引用类型时，"传值"传递的是变量中存放的"引用"，而不是变量所引用的实体。需要注意的是，对于两个相同类型的引用型变量，如果具有同样的引用，就会引用相同的实体，因此，如果改变参数变量所引用的实体，就会导致原变量的实体发生同样的变化。但是，改变参数中存放的"引用"不会影响向其传值的变量中存放的"引用"，如图5-4所示。

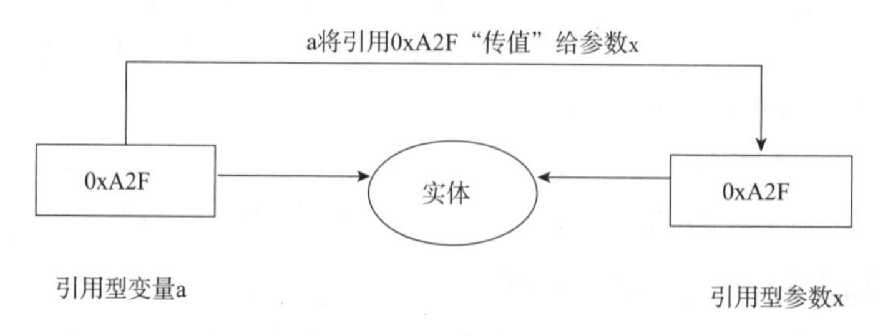

图 5-4　引用类型参数传值

【例5-6】模拟收音机使用电池。

```
public class Radio {
    void openRadio(Battery battery){
        battery.electrict=battery.electric-10;
```

```
    }
}
public class Battery {
    int electric;
    Battery(int  electric){
      this.electric=electric;
    }
}
public class Demo5_6 {
   public static void main(String args[]) {
      Battery bat1=new Battery(100);
      System.out.println("电池的储电量是:"+bat1.electric);
      Radio radio=new Radio();
      System.out.println("收音机开始使用电池");
      radio.openRadio(bat1);
      System.out.println("目前电池的储电量是:"+bat1.electric);
   }
}
```

程序的运行结果如图5-5所示。

```
电池的储电量是:100
收音机开始使用电池
目前电池的储电量是:90
```

图 5-5　例 5-6 运行结果

例5-6中，Radio类负责创建一个“收音机”对象radio，Battery类负责创建了“电池”对象bat1。当radio调用 openRadio(Battery battery)法时，需要将一个Battery类创建的“电池”对象传递给该方法的参数 battery。在主类中，就将对象 bat1的引用传递给了 open Radio(Battery batter)方法的参数 battery，该方法消耗了 battery的储电量（打开收音机会消耗电池的储电量），那么bat1的储电量就发生了同样的变化，因为bat1和battery的引用都指向同一个实体。

5.5.4　方法重载

有时，可能需要在同一个类中定义几个功能类似但参数不同的方法。例如，定义一个将参数以文本形式输出显示的方法。因为不同类型的数据显示格式不同，甚至需要经过不同的处理。因此，如果需要显示int、float和 String类型的数据，则需要为每种类型数据的显示单独编写一个方法。这样就需要定义3个方法，可以将它们命名为printInt()、printFloat()以及 printString()。这种定义方式不仅显得枯燥，而且要求使用这个类的程序员记住多个不同的方法名称，给程序员带来了一定的麻烦。

为此，Java语言提供了方法重载（overload）机制。方法的重载是允许在一个类中定义多个方法，使用相同的方法名。对于上述3个打印输出的方法，利用重载机制可以定义如下：

```
public void println(int i){ …}
public void println(float f){…}
public void println(String str){…}
```

这样使用一个方法名称 printIn就可以定义打印输出各种数据类型的方法，程序员只需记住一个方法名，减轻了程序员的负担。

方法重载是面向对象程序语言多态性的一种形式，它实现了Java的编译时多态，即由编译器在编译时刻确定具体调用哪个被重载的方法。

重载方法的名称都是相同的，但在方法的声明中一定要有彼此不相同的成分，以使编译器能够区分这些方法。因此Java中规定重载的方法必须遵循下列原则：

（1）方法的参数表必须不同，包括参数的类型或个数。

（2）方法的返回类型、修饰符、参数名字可以相同也可不同，也就是说如果两个方法的名字相同，即使返回类型不同，也必须保证参数不同。

【例5-7】编写求两个数之和的方法，要求使用方法重载，能求整数、浮点数、双精度数的和。

```
public class Computer {
    public  int  add(int a,int b){
        System.out.print("调用整数方法计算: ");
        return a+b;
      }
    public float add(float x,float y) {
            System.out.print("调用浮点数方法计算: ");
            return x+y;
    }
    public double  add(double  a,double  b){
            System.out.print("调用双精度数方法计算: ");
            return a+b;
        }
    }
    public class Demo5_7 {
       public static void main(String args[]) {
            Computer com=new Computer();
            System.out.println(com.add(10,20));
            System.out.println(com.add(10.0f,20.0f));
            System.out.println(com.add(10.0,20.0));
        }
}
```

程序的运行结果如图5-6所示。

```
调用整数方法：30
调用浮点数方法：30.0
调用双精度数方法：30.0
```

图 5-6　例 5-7 运行结果

这里留一个思考题给读者，如果使用com.add(10.0f, 20.0)，会调用哪个方法计算？

在前面提到构造方法的时候，也提到过，在一个类中可以包括多个构造方法，但它们的参数不同，其实这就是构造方法的重载。

5.6 static 关键字

在前面几节的一些定义中，我们接触到了一个关键字static，它可以用于修饰类的成员，如成员变量、成员方法以及代码块等，被static修饰的成员具备一些特殊性。

5.6.1 静态变量

在定义一个类时，只是在描述某类事物的特征和行为，并没有产生具体的数据。只有通过new关键字创建该类的实例对象后，系统才会为每个对象分配空间，存储各自的数据。有时候，开发人员会希望某些特定的数据在内存中只有一份，而且能够被一个类的所有实例对象所共享。例如某个学校所有学生共享同一个学校名称，此时完全不必在每个学生对象所占用的内存空间中都定义一个变量来表示学校名称，而可以在对象以外的空间定义一个表示学校名称的变量，让所有对象来共享。

在一个Java类中，可以使用 static关键字来修饰成员变量，该变量被称作静态变量。静态变量被所有实例共享，可以使用“类名.变量名”的形式来访问。

【例5-8】使用静态变量。

```
public class Student{
   static String schoolName;
}
public class Demo5_8 {
   public static void main(String []args) {
        Student stu1=new Student() ;
        Student stu2=new Student() ;
        stu1.schoolName="萍乡学院";
        System.out.println("我的学校是"+stu2.schoolName);
        System.out.println("我们的学校是"+Student.schoolName);
   }}
```

程序运行结果如图5-7所示。

```
我的学校是萍乡学院
我们的学校是萍乡学院
```

图 5-7　例 5-8 运行结果

程序中的Student类中定义了一个静态变量 schoolName，用于表示学生所在的学校，被所有的实例所共享。由于 schoolName是静态变量，因此可以直接使用 Student.schoolName的方式进行调用，也可以通过Student的实例对象进行调用，如：

```
stu1.schoolName="萍乡学院";
```

通过运行结果可以看出学生对象stu1和stu2的schoolName属性值均为“萍乡学院”。

注意：

static关键字只能用于修饰成员变量，不能用于修饰局部变量，否则编译会报错。

5.6.2 静态方法

在实际开发时，开发人员有时会希望在不创建对象的情况下就可以调用某个方法，也就是使该方法不必和对象绑在一起。要实现这样的效果，只需要在类中定义的方法前加上static关键字即可，通常称这种方法为静态方法。同静态变量一样，静态方法可以使用“类名.方法名”的方式来访问，也可以通过类的实例对象来访问。

【例5-9】调用静态方法。

```
public class Person{
    static void sayHello(){
    System.out.println("Hello");
    }
}
public class Demo5_9{
    public static void main(String []args) {
          Person p1=new Person();
          Person.sayHello();
          p1.sayHello();
    }
}
```

程序运行结果如图5-8所示。

```
Hello
Hello
```

图 5-8 例 5-9 运行结果

程序中，首先在 Person类中定义了静态方法 sayHello()，然后在main()方法中分别使用了两种方式来调用静态方法。由此可见，静态方法不需要创建对象就可以调用，当然也可以通过实例化对象的方式来调用。

注意：

在静态方法中只能访问用static修饰的成员，原因在于没有被static修饰的成员需要先创建对象才能访问，而静态方法在被调用时可以不创建任何对象。

5.6.3 静态代码块

在Java类中，使用一对大括号包围起来的若干行代码被称为一个代码块，用 static关键字修饰的代码块称为静态代码块。当类被加载时，静态代码块会执行，由于类只加载一次，因此静态代码块只执行一次。在程序中，通常会使用静态代码块来对类的成员变量进行初始化。下面来看例题了解静态代码块的使用。

【例5-10】使用静态代码块。

```
public class User{
static{
  System.out.println("User类中的静态代码块执行了");
   }
}
public class Demo5_10{
  static{
    System.out.println("测试类的静态代码块执行了");
}
   public static void main(String []args) {
     User u1=new User();
     User u2=new User();
   }
}
```

程序运行结果如图5-9所示。

```
测试类的静态代码块执行了
User类中的静态代码块执行了
```

图 5-9　例 5-10 运行结果

从运行结果可以看出，程序中的两段静态代码块都执行了。Java虚拟机首先会加载类Demo5_10，在加载类的同时就会执行该类的静态代码块，紧接着会调用main()方法。在该方法中创建了两个 User对象，但在两次实例化对象的过程中，静态代码块中的内容只输出了一次，这就说明静态代码块在类第一次使用时才会被加载，并且只会加载一次。

5.7 定义包和引入类

将一个程序内的类独立出来，以文件的形式保存，然后根据相近功能分门别类地存在不同的文件夹中，经编译处理后，能实现相互之间的引用。这样的程序代码容易维护，适合团队开发大型的应用程序。如何实现这样的管理呢？

5.7.1　包的概念和作用

为了较好地组织类，Java提供了包(package)的概念。包是类的容器，用于分隔类名空间。一个包对应一个文件夹，包中还可以有包，如同文件夹中可以有子文件夹一样。在程序中可以声明类所在的包，就像保存文件时要选择文件保存在哪个盘的什么文件夹中一样。同一个包中类名不能重复，不同包中可以有相同的类名。如果所有的类都没有指定包名，则这些类都属于默认的无名包，即运行编译器的当前文件夹。包常用于组织相关的类，例如，所有关于机器人的类都可以放到名为 robot的包中。在Java中，一般使用两种包，即用户自行创建的包和Java提供的系统工具包。

概括起来，包具有以下3方面的作用：

（1）能够区别名字相同的类。比如有两个类，类名都叫 Student，在同一个包里面形成重复定义，是不允许的。但放在不同的包里面却是合法的，因为此时它们具有不同的完整类名，例如一个叫 com.pxxy. demo1.Student，另一个叫 com.pxxy. demo2.Student，这样就避免了同名冲突。

（2）有助于按模块和功能划分与组织程序中的各个类。使用包可以将程序中用到的类分开放置，以方便调用、阅读、开发、查找和维护各个类，如分别定义com.pxxy.ui包、com.pxxy.dao包等。

（3）有助于实现更细致的访问权限控制。Java提供了4种访问权限，当一个类不使用任何访问控制修饰符时，为默认访问权限或包级访问权限，它可被同一个包中的其他类访问。

5.7.2 创建包——package语句

若创建了一个类或几个相关的类，并想重复使用，那么将其放在一个包中是非常有效的。包就是一组类的集合，把类放入一个包内后，对类的管理和引用以及类成员的访问都非常方便。

Java使用package语句定义包，语法格式如下：

```
package 包名1[.包名2[.包名3…]];
```

package语句作为Java源文件的第一条非注释语句，指明该源文件中定义的类所在的包。如果省略package语句，那么该源文件中定义的类将放在系统默认的默认包中。一般建议采用倒序域名来定义包结构，然后将所有的类分类存放在指定的包中，例如com.pxxy.entity等。

5.7.3 引用包中的类——import语句

Java编译器默认为所有的Java程序引入Java.lang包中所有的类，因此用户可以直接使用java.lang包中的类而不必显式导入。但要想使用Java.lang包以外的其他包中的类，必须先导入后使用。Java提供了import语句来导入其他包中的类，语法格式如下：

```
import 包名1[.包名2[.包名3…]].类名 | * ;
```

在“类名”和“*”两个选项中，如果使用类名，那么就是通过 import语句可导入其他包中的某个类。导入之后，使用这个类时便不需要再指明被访问包的名称。最后使用“*”号，Import语句可将整个包导入，通过这种方式可使用被导入包中的所有类，但不包含子包中的类。要使用子包中的类，子包必须单独导入。

5.8 案例实现

1. 实现思路

（1）案例中出现了小偷和警察这两种对象，所以定义两个类：Thief和Police，定义了主类Demo5，在主类中实例化对象，调用对象的方法。

（2）定义了三个包组织这些类，demo5.example.thief，demo5.example.police，demo5.example.main，所以在类中分别用到了package和import语句。

（3）Thief类要定义表示姓名、年龄、性别的成员变量，要定义一个偷东西的成员方法。

（4）Police类要定义表示姓名、年龄、性别的成员变量，要定义一个抓小偷的成员方法。

（5）为了体现类的封装性，将两个类中的成员变量的权限定义为private，并提供这些成员变量的set和get方法。

（6）定义了有参构造方法。

警察抓小偷

2. 程序编码

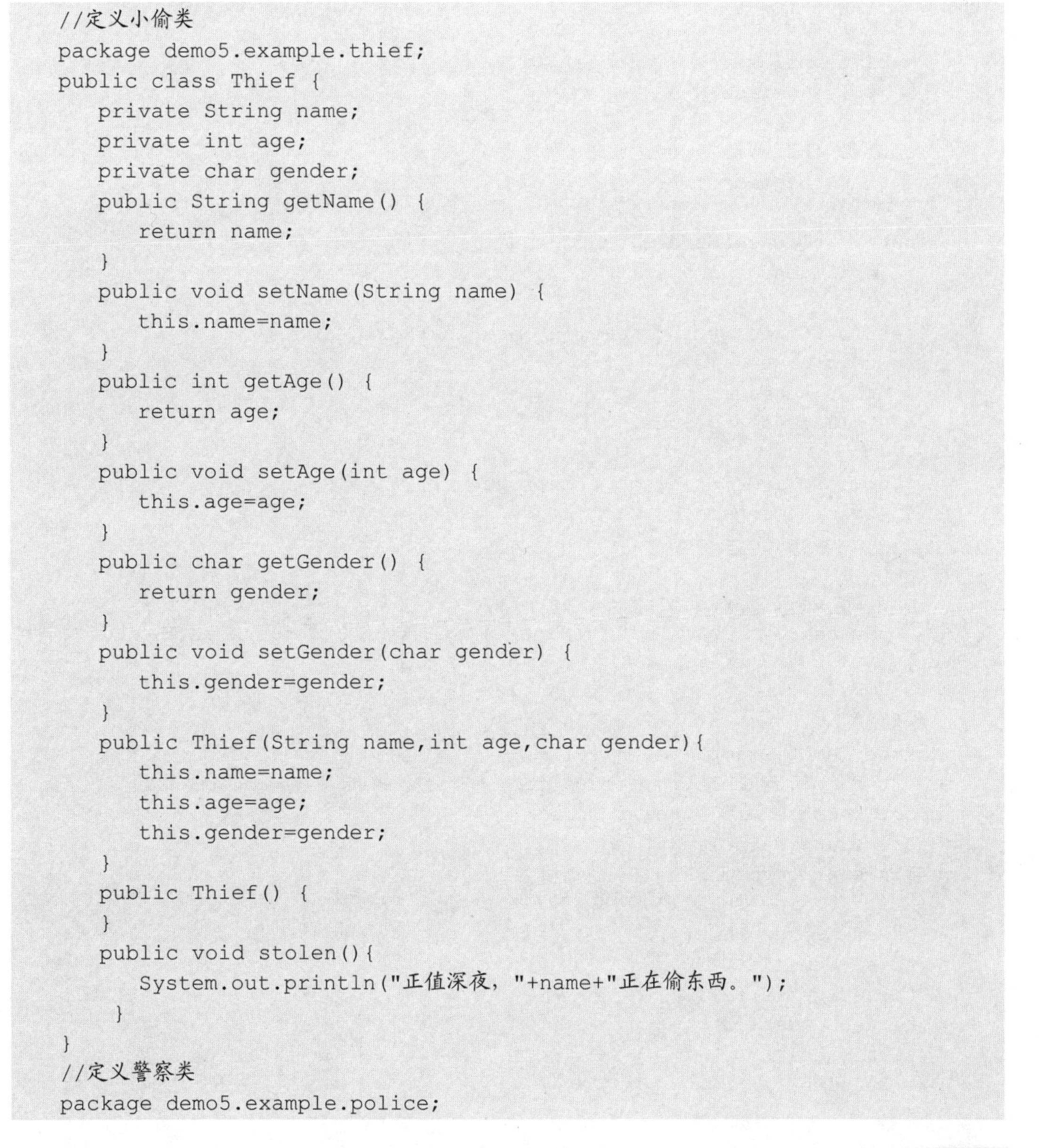

```
//定义小偷类
package demo5.example.thief;
public class Thief {
   private String name;
   private int age;
   private char gender;
   public String getName() {
      return name;
   }
   public void setName(String name) {
      this.name=name;
   }
   public int getAge() {
      return age;
   }
   public void setAge(int age) {
      this.age=age;
   }
   public char getGender() {
      return gender;
   }
   public void setGender(char gender) {
      this.gender=gender;
   }
   public Thief(String name,int age,char gender){
      this.name=name;
      this.age=age;
      this.gender=gender;
   }
   public Thief() {
   }
   public void stolen(){
      System.out.println("正值深夜，"+name+"正在偷东西。");
    }
}
//定义警察类
package demo5.example.police;
```

```
import demo5.example.thief.Thief;
public class Police {
    private String name;
    private int age;
    private char gender;
    public String getName() {
        return name;
    }
    public void setName(String name) {
        this.name=name;
    }
    public int getAge() {
        return age;
    }
    public void setAge(int age) {
        this.age=age;
    }
    public char getGender() {
        return gender;
    }
    public void setGender(char gender) {
        this.gender=gender;
    }
    public Police(String name,int age,char gender){
        this.name=name;
        this.age=age;
        this.gender=gender;
    }
    public Police(String name,char gender){
        this.name=name;
        this.gender=gender;
    }
    public void catchThief(Thief t){
        System.out.println("警察"+name+"正在抓姓名为"+t.getName()+"的小偷。");
    }
}
//定义主类
package demo5.example.main;
import demo5.example.police.Police;
import demo5.example.thief.Thief;
public class MainClass {
public static void main(String[] args) {
    Thief t1=new Thief("小明",18,'男');
    Thief t2=new Thief();
    t2.setName("小红");
    t2.setAge(19);
    t2.setGender('女');
    t1.stolen();
    t2.stolen();
```

```
    Police p1=new Police("李平安",25,'男');
    Police p2=new Police("张华", '女');
    p1.catchThief(t1);
    p2.catchThief(t2);
  }
}
```

程序的运行结果如图5-10所示。

```
正值深夜，小明正在偷东西。
正值深夜，小红正在偷东西。
警察李平安正在抓姓名为小明的小偷。
警察张华正在抓姓名为小红的小偷。
```

图 5-10　案例运行结果

程序使用Thief类调用有参构造方法实例化了对象t1，调用无参构造方法实例化了对象t2，因为定义了有参构造方法，所以无参构造方法必须手动添加才能有效。使用Police类调用了三个参数的构造方法和两个参数的构造方法分别实例化了p1和p2。Police类中的catchThief( )方法定义的参数是Thief类型，所以调用时传递过来的是这个对象的引用。

习　　题

1. 选择题

（1）下面有关类和对象的说法中，错误的是（　　）。

A. 类是一组相似对象的抽象和描述，是对象的模板

B. 类是成员变量和成员方法的封装体，前者描述对象的行为，后者描述对象的属性

C. 对象由类来产生，对象是类的具体表现

D. 类是一种抽象的数据类型，一个类的引用变量可以访问该类对象及其子类对象

（2）下面有关成员变量和局部变量的说法中，错误的是（　　）。

A. 成员变量可以指定访问权限，而局部变量不能

B. 成员变量和局部变量一般具有不同的作用域和生存周期

C. 系统会为成员变量和局部变量提供默认初始值

D. 成员方法中的形式参数类似局部变量，只在本方法体中有效

（3）下面关于构造方法的说法中，错误的是（　　）。

A. 构造方法用于创建和初始化对象，由new运算符负责调用

B. 一个类只能有一个构造方法

C. 构造方法不能指定返回值的类型

D. 构造方法的名称必须和类名完全相同

（4）类中的fun()方法定义如下，同一个类中的其他方法调用该方法的正确形式是（　　）。

```
double fun(int a, int b){
    return a*1.0/b;
}
```

A. double a=fun(1,2);

B. double a=fun(1.0,2.0);

C. int x=fun(1,2);

D. int x=fun(1.0,2.0);

（5）以下程序的输过结果是（　　）。

```
class A{
    int x=10,y=20;
    public A(int x,int y){
        this.x=x;
        this.y=y;}
    public int getXYSum(){
        return x+y;}
}
public class MainClass{
    public static void main(String args[]){
        A a=new A(100,200);
        System.out.println("sum="+a.getXYSum());}
}
```

A. sum=30　　B. sum=300　　C. sum=10　　D. sum=20

2. 思考题

（1）类和对象的关系如何？怎样生成、使用和销毁对象？

（2）值传递和引用传递有什么区别？

第6章

“剪刀、石头、布”游戏——继承与多态

学习目标

- 掌握类的继承的概念。
- 理解多态及掌握多态的实现。
- 了解抽象类和面向抽象编程。
- 了解接口和面向接口编程。

6.1 案例描述

编写一个游戏程序：让游戏者和计算机玩剪刀、石头、布的猜拳游戏，出拳后判断输赢。

6.2 类的继承

类之间的继承关系是面向对象程序设计语言（OOP）的基本特征之一。继承是一种由已有的类创建新类的机制。在OOP中，继承反映了现实世界实体的这种本质联系，而另一个重要意义是实现了代码的重用。

利用继承，可以先定义一个共有属性的一般类，根据该一般类再定义具有特殊属性的子类，子类继承一般类的属性和行为，并根据需要增加它自己的新的属性和行为。例如当我们准备编写一个类的时候，发现某个类有我们所需要的成员变量和方法，如果我们想复用这个类中的成员变量和方法，即在所编写的类中不用声明成员变量就相当于有了这个成员变量，不用定义方法就相当于有了这个方法，那么我们可以将编写的类定义为这个类的子类，子类可以让我们不必一切“从头做起”。

由继承得到的类称为子类，被继承的类称为父类（超类）。人们习惯地称子类与父类的关系是“is-a”关系。

6.2.1　子类的定义

在类的声明中，通过使用关键字 extends来定义一个类的子类，格式如下：

```
class  子类名  extends 父类名{
....
}
```

例如：

```
class Student extends People  {
...
}
```

把 Student类定义为 People类的子类，People类是 Student类的父类（超类）。

类可以有两种重要的成员：成员变量和方法。子类的成员中有一部分是子类自己定义的，另一部分是从它的父类继承的。子类继承父类的成员变量作为自己的一个成员变量，就好像它们是在子类中直接声明一样，可以被子类中自己定义的任何实例方法操作，也就是说一个子类继承的成员应当是这个类的完全意义的成员。如果子类中定义的实例方法不能操作父类的某个成员变量，则该成员变量就没有被子类继承，例如父类中用private权限修饰的成员变量，子类就不能继承。同理，子类继承父类的方法作为子类中的一个方法，就像它们是在子类中直接定义了一样，可以被子类中自己定义的任何实例方法调用，这就是方法的继承。子类同样不能继承父类中用private权限修饰的成员方法。

Java中不支持多重继承，只支持单继承，即只能从一个类继承，即extends关键字后面的类名只能有一个。

如果C是B的子类，B又是A的子类，习惯上称C是A的子孙类。如果我们将类看作树上的结点，Java的类按继承关系形成了树形结构，如图6-1所示。在这个树形结构中，根结点是Object类（Object是java.lang包中的类），即Object是所有类的祖先类。任何类都是Object类的子孙类，每个类（除了Object类）有且仅有一个父类，一个类可以有多个或零个子类。如果一个类（除了Object类）的声明中没有使用extends关键字，这个类被系统默认为是Object的子类，即类声明“class A”与“class A extends Object”是等同的。

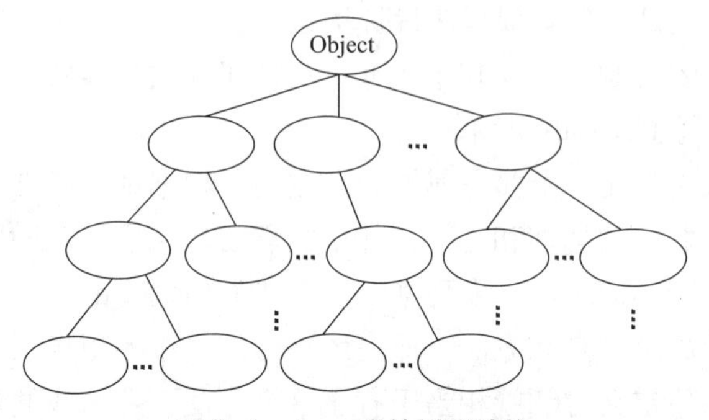

图 6-1　Java 类的树形结构

6.2.2 子类对象的创建与实例化过程

Java中对象的初始化是很结构化的，目的是保证程序运行的安全性。在有继承关系的类的体系中，一个子类对象的创建与初始化都要经过以下3步：

(1) 分配对象所需要的全部内存空间，并初始化。

(2) 按继承关系，自顶向下显式初始化。

(3) 按继承关系，自顶向下调用构造方法。

一些Java程序在执行子类构造方法之前通常要调用父类的一个构造方法，一般在子类构造方法的第一行通过super关键字调用父类的某个构造方法。如果没有使用super关键字指定，则Java调用父类默认的无参构造方法，如果这时在父类中没有无参构造方法，则将产生错误。

当用子类的构造方法创建一个子类的对象时，不仅子类中声明的成员变量被分配了内存，而且父类的成员变量也都分配了内存空间，但只将其中一部分，即子类继承的那部分成员变量作为分配给子类对象的变量。也就是说，父类中的没有被继承的成员变量尽管分配了内存空间，也不能作为子类对象的变量，这一部分内存似乎成了垃圾一样。但是，实际情况并非如此，我们需要注意的是，子类中还有一部分方法是从父类继承的，这部分方法却可以操作这部分未继承的变量。

【例6-1】子类的实现。

```
public class Student {
    String name;
    int age;
    char gender;
    private final String identify="学生";
    public Student() {
        System.out.println("调用了Student的无参构造方法");
    }
    public void sayHello() {
        System.out.println("大家好，我叫"+name+",是一名"+identify);
        }
}
public class Undergraduate extends Student {
    String id;
    String major;
    public Undergraduate(String id,String major) {
        this.id=id;
        this.major=major;
        System.out.println("调用了Undergraduate的构造方法");
    }
    public void say() {
        sayHello();
        System.out.println("我今年"+age+"岁，学号"+id+",就读于"+major+"专业。");
    }
}
```

```
public class Demo6_1 {
    public static void main(String[] args) {
        Undergraduate s1=new Undergraduate("12345","软件工程");
        s1.name="张明";
        s1.age=19;
        s1.gender='男';
        s1.say();
    }
}
```

程序运行结果如图6-2所示。

```
调用了Student的无参构造方法
调用了Undergraduate的构造方法
大家好，我叫张明,是一名学生
我今年19岁，学号12345,就读于软件工程专业。
```

图 6-2　例 6-1 运行结果

程序中定义了Undergraduate类继承了Student类，在主类中，实例化一个Undergraduate类的对象时，在调用Undergraduate类的构造方法之前调用了Student类的构造方法。在Undergraduate类中可以像访问自己的成员变量和方法一样访问从Student类中继承的成员变量和方法。在Student类中有一个属性identify设置为了private权限，Undergraduate类没有继承这个成员变量，但可以调用继承的sayHello方法访问这个成员变量。

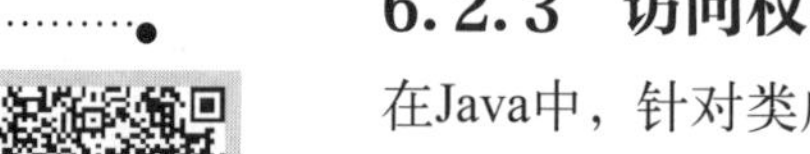

6.2.3　访问权限

访问权限

在Java中，针对类成员变量和方法提供了4种访问级别，分别是 public、private、缺省和protected。

public（公共访问级别）：这是一个最宽松的访问控制级别，如果一个类或者类的成员被public访问控制符修饰，那么这个类或者类的成员能被所有的类访问，不管访问类与被访问类是否在同一个包中。

private（类访问级别）：如果类的成员被 private访问控制符来修饰，则这个成员只能被该类的其他成员访问，其他类无法直接访问。类的良好封装就是通过 private关键字来实现的。

缺省（包访问级别）：如果一个类或者类的成员不使用任何访问控制符修饰，则称它为缺省访问控制级别，这个类或者类的成员只能被本包中的其他类访问。

protected（子类访问级别）：如果一个类的成员被 protected访问控制符修饰，那么这个类的成员既能被同一包下的其他类访问，也能被不同包下该类的子类访问。

这4种访问级别在表6-1更加直观地表示出来。

表 6-1　访问控制级别

访问范围	private	缺省	protected	public
同一类中	✓	✓	✓	✓
同一包中		✓	✓	✓

续表

访问范围	private	缺省	protected	public
子类中			✓	✓
全局范围				✓

当子类和父类不在同一个包中时，父类中的 private和缺省访问权限的成员变量不会被子继承，也就是说，子类只继承父类中的 protected和 public访问权限的成员变量作为子类的成员变量；同样，子类只继承父类中的 protected和 public访问权限的方法作为子类的方法。

但protected权限还有一些限制。一个类A中的 protected成员变量和方法可以被它的子孙类继承。例如B是A的子类，C是B的子类，那么B类和C类都继承了A类的 protected成员变量和方法。如果用C类在C本身中创建了一个对象，那么该对象总是可以通过“.”运算符访问继承的或自己定义的 protected变量和 protected方法。但是，如果在另外一个类中，例如在other类中用C类创建了一个对象 object，该对象通过“.”运算符访问 protected变量和 protected方法的权限所述如下：

（1）对于子类C自己声明的 protected成员变量和方法，只要other类和C类在同一个包中，object就可以访问这些 protected成员变量和方法。

（2）对于子类C从父类继承的 protected成员变量或方法，需要追溯到这些 protected成量或方法所在的“祖先”类，只要other类和A类在同一个包中，object就能访问继承的protected变量和 protected方法，反之则不能。

6.3 继承与多态

面向对象中的继承思想更接近于人类的思维方式，可以大大提高代码的重用性和健壮性，提高编程效率，降低了软件维护的工作量。

什么时候去选择继承呢？一个很好的经验是“B是一个A吗？”，如果是则让B作A的子类。因为Java的单继承机制，B类只能有A一个父类，但A类可以有多个子类。相对来说，父类更加抽象，子类更加具体。

在设计类的一个方法时，通常希望该方法具备一定的通用性。例如要实现一个动物叫的方法，由于每种动物的叫声是不同的，因此可以在方法中接收一个动物类型的参数，当传入猫类对象时就发出猫类的叫声，传入犬类对象时就发出犬类的叫声。在同一个方法中，这种由于参数类型不同而导致执行效果各异的现象就是多态。继承是多态得以实现的基础。

6.3.1 成员变量的隐藏

在编写子类时，我们可以在子类中声明自己的成员变量。但如果所声明的成员变量的名字和从父类继承来的成员变量的名字相同（声明的类型可以不同），子类就会隐藏所继承的成员变量。

子类隐藏继承的成员变量的特点如下：

(1) 子类对象以及子类自己定义的方法操作与父类同名的成员变量，是指子类重新声明的这个成员变量。

(2) 子类继承的方法所操作的成员变量是被子类隐藏的成员变量。

子类继承的方法只能操作子类继承和隐藏的成员变量。子类新定义的方法可以操作子类继承和子类新声明的成员变量，但无法直接操作子类隐藏的成员变量，如果要操作隐藏的成员变量，就必须需使用super关健字。

6.3.2 方法重写

重写（overriding）就是子类重写父类的成员方法。

如果子类可以继承父类的某个方法，那么子类就有权力重写这个方法。所谓方法重写是指子类中定义一个方法，这个方法的类型和父类方法的类型一致，或者是父类方法类型的子类型，并且这个方法的名字、参数个数、参数类型和父类方法完全相同。子类如此定义的方法称作子类重写的方法。

子类通过方法的重写可以隐藏继承的方法，子类通过方法的重写可以把父类的状态和行为改变为自身的状态和行为。子类对象调用的方法就一定是重写的方法。

重写方法既可以操作继承的成员变量、调用继承的方法，也可以操作子类新声明的成员变量、调用新定义的其他方法，但无法操作被子类隐藏的成员变量和方法。如果子类想使用被隐藏的方法或成员变量，必须使用super关键字。

【例6-2】方法重写。

```
1. public class Student {
2.    String name;
3.    String identify="学生";
4.    public void sayHello() {
5.      System.out.println("大家好，我叫"+name+",是一名"+identify);
6.   }
7. }
8. public class Pupil extends Student {
9.    String identify="小学生";
10.    public void sayHello() {
11.      System.out.println("我上学了,成为了一名"+identify);
12.    }
13. }
14. public class Demo6_2 {
15.    public static void main(String[] args) {
16.      Pupil p1=new Pupil();
17.      p1.name="小明";
18.      p1.sayHello();
19.   }
20. }
```

程序运行结果如图6-3所示。

```
我上学了，成为了一名小学生
```

图6-3 例6-2运行结果

程序中，子类重写了父类的sayHello方法，所以子类的对象就调用自己重写的方法，子类定义了和父类同名的成员变量identify，所以子类重写的方法访问子类自己定义的成员变量。

Java中方法重写要遵守以下规则：

（1）子类重写方法的返回值类型必须与父类中被重写的方法返回值类型相同，或者是它的子类。

（2）重写父类的方法时，不允许降低方法的访问权限，但可以提高访问权限。访问限制修饰符按访问权限从高到低的排列顺序是public、protected、缺省、private。

（3）子类中重写的方法不能抛出新的异常。异常处理将在后面的章节专门介绍。

6.3.3 super关键字

子类一旦隐藏了继承的成员变量，那么子类创建的对象就不再拥有该变量，该变量将归关键字 super所拥有。同样，子类一旦隐藏了继承的方法，那么子类创建的对象就不能调用被隐藏的方法，该方法的调用由关键字 super负责。因此，如果在子类中想使用被子类隐藏的成员变量或方法，就需要使用关键字 super。例如super.identify、super.say()就是访问和调用被子类隐藏的成员变量indentify和方法sayHello()。

上面的例6-2中，将第11行代码如果改成：

```
System.out.println("我上学了，成为了一名"+super.identify);
```

程序运行结果就是：

```
我上学了，成为了一名学生
```

或者在11行代码前面插入一行代码：

```
super.sayHello();
```

程序运行结果就是：

```
大家好，我叫小明，是一名学生
我上学了，成为了一名小学生
```

当用子类的构造方法创建一个子类的对象时，子类的构造方法总是先调用父类的某个构造方法，也就是说，如果子类的构造方法没有明显地指明使用父类的哪个构造方法，子类就调用父类默认的无参构造方法。由于子类不继承父类的构造方法，因此，子类在其构造方法中需使用super关键字来调用父类的构造方法。而且，super必须是子类构造方法中的头一条语句。那么我们可以这么认为，如果在子类的构造方法中，没有明显地写出 super关键字来调用父类的某个构造方法，那么默认地有如下代码：

```
super();
```

6.3.4 final关键字

final关键字可以修饰类、成员变量和方法中的局部变量。

1. final类

可以使用final将类声明为 final类，这样的类不能被继承，即不能有子类。例如：

```
final class A {
}
```

A就是一个final类，将不允许任何类声明成A的子类。有时候是出于安全性的考虑将一些类修饰为final类。例如，Java在 java.lang包中提供的 String类，对于编译器和解释器的正常运行有很重要的作用，Java不允许用户程序扩展 String类，为此，Java将它修饰为final类。

2. final方法

如果用final修饰父类中的一个方法，那么这个方法将不允许子类重写。

3. 常量

如果成员变量或局部变量被修饰为final，那它就是常量。由于常量在运行期间不允许再发生变化，这就要求程序在声明常量时必须指定该常量的值。

6.3.5 多态

1. 上转型对象

类之间的继承关系使子类具有父类的变量和方法，这意味着父类所具有的方法也可以在它的各级子类中使用，发给父类的任何消息也可以发给子类。所以子类的对象也是父类的对象，即子类对象既可以作为该子类的类型，也可以作为其父类的类型。这种思维方式称之为“上溯思维方式”。将子类对象的引用转制成父类对象的引用，就称之为“上转型”。

假设 Animal类是Tiger类的父类，当用子类创建一个对象，并把这个对象的引用放到父类的对象中时：

```
Animal a;
A=new Tiger();
```

或

```
Animal a;
Tiger b=new Tiger();
a=b;
```

称对象a是对象b的上转型对象，就好比说“老虎是动物”。对象的上转型对象的实体是子类负责创建的，但上转型对象会失去原对象的一些属性和功能（上转型对象相当于子类对象的一个“简化”对象）。上转型对象具有如下特点：

（1）上转型对象不能操作子类新增的成员变量，不能调用子类新增的方法。

（2）上转型对象可以访问子类继承或隐藏的成员变量，也可以调用子类继承的方法或子类重写的实例方法。上转型对象操作子类继承的方法或子类重写的实例方法，其作用等价于子类对象去调用这些方法。因此，如果子类重写了父类的某个实例方法后，当对象的上转型对象调用这个实例方法时，一定是调用了子类重写的实例方法。

要注意的是，不可以将父类创建的对象的引用赋值给子类声明的对象，也不要把子类对象的上转型对象和父类直接创建的对象相混淆，这个上转型对象还可以通过类型转换成为子类对象。上面第（2）点中提到的也是子类重写的实例方法，即使子类重写了父类的静态方法，那么子类对象的上转型对象也不能调用子类重写的静态方法，只能调用父类的静态方法。

2. 多态

当一个类有很多子类，并且这些子类都重写了父类中的某个方法，那么当把子类创建的对象的引用放到一个父类的对象中时，就得到了该对象的一个上转型对象，那么这个上转型对象在调用这个方法时就可能具有多种形态，因为不同的子类在重写父类的方法时可能产生不同的行为。

多态性就是指父类的某个方法被其子类重写时，可以各自产生自己的功能行为。在Java中，通常使用子类的上转型对象调用各自重写的方法来实现多态。

【例6-3】模仿不同的动物发出不同的叫声。

```
1. class  Animal {
2.   void cry() {
3.   }
4. }
5. class Sheep extends Animal{
6.   String kind="小羊";
7.   void cry() {
8.      System.out.println(kind+":咩咩咩.....");
9.   }
10. }
11. class Cat extends Animal{
12.   String kind="小猫";
13.   void cry() {
14.      System.out.println(kind+":喵喵喵.....");
15.   }
16. }
17. public class Demo6_3 {
18.   public static void main(String args[]) {
19.      Animal animal;
20.      animal=new Sheep();
21.      animal.cry();
22.      animal=new Cat();
23.      animal.cry();
24.   }
25. }
```

程序运行结果如图6-4所示。

```
小羊:咩咩咩.....
小猫:喵喵喵.....
```

图 6-4　例 6-3 运行结果

程序中，第20行、第22行代码实现了父类变量引用不同的子类对象，当第21行、第23行代码都用animal调用 cry()方法时，将父类引用的两个不同子类对象分别传入，结果打印出了“小羊：咩咩咩……”和“小猫：喵喵喵……”两种不同的结果。由此可见，多态不仅解决了方法同名的问题，而且还使程序变得更加灵活，从而有效地提高了程序的可扩展性和可维护性。

6.4 抽象类与面向抽象编程

6.4.1 抽象类与抽象方法

Java允许在类中只声明方法而不提供方法的实现。这种只有声明而没有方法体的方法称为抽象方法，而包含一个或多个抽象方法的类称为抽象类。抽象类和抽象方法在声明时都要加上abstract关键字。

抽象类也可以有构造方法、普通的成员变量或方法，也可以派生子类。但是不能使用new运算符创建抽象类的对象。如果一个非抽象类是某个抽象类的子类，那么它必须重写父类的抽象方法，给出方法体，所以不允许使用final和abstract同时修饰一个方法或类。

抽象方法，只允许声明，不允许实现（没有方法体），不允许使用final和abstract同时修饰一个方法或类，也不允许使用 static修饰 abstract方法，即 abstract方法必须是实例方法。

（1）抽象类中可以有抽象方法，也可以有非抽象方法；可以没有抽象方法，也可以没有非抽象方法。

（2）抽象类的子类。如果一个非抽象类是抽象类的子类，它必须重写父类的抽象方法，即去掉抽象方法的abstract修饰，并给出方法体。如果一个抽象类是抽象类的子类，它可以重写父类的抽象方法，也可以继承父类的抽象方法。

（3）抽象类的对象作上转型对象。可以使用抽象类声明对象，尽管不能使用new运算符创建该对象，但该对象可以成为其子类对象的上转型对象，那么该对象就可以调用子类重写的方法。

（4）理解 abstract类。抽象类的语法很容易被理解和掌握，但更重要的是理解抽象类的意义，这一点是更为重要的。理解的关键点有以下两点：

- 抽象类可以抽象出重要的行为标准，该行为标准用抽象方法来表示，即抽象类封装了子类必须要有的行为标准。
- 抽象类声明的对象可以成为其子类的对象的上转型对象，调用子类重写的方法，即体现子类根据抽象类里的行为标准给出的具体行为。

6.4.2 面向抽象编程

在设计程序时，经常会使用抽象类，因为抽象类只关心操作，而不关心这些操作具体的实现细节，这样可以使程序的设计者把主要精力放在程序的设计上，而不必拘泥于细节的实现，细节应当由抽象类的非抽象子类去实现。这些子类可以给出具体的实例，来完成程序功能的具体实现。在设计一个程序时，可以在抽象类中声明若干个抽象方法，表明这些方法在整个系统设计中的重要性，方法体的内容细节由它的非抽象子类去完成。

使用多态进行程序设计的核心技术之一就是使用上转型对象，即将抽象类声明的对象作为其子类对象的上转型对象，那么这个上转型对象就可以调用子类重写的方法。

面向抽象编程就是指当设计某种重要的类时，不让该类面向具体的类，而是面向抽象类，即所设计类中的重要数据是抽象类声明的对象，而不是具体类声明的对象。

例如当我们用类封装手机的基本属性和功能，当然希望可以使用任何运营商提供的SIM卡。如果设计的手机类确定用某个具体的公司的卡，那么这个手机就无法使用其他公司的SIM卡，当需要使用其他公司的SIM卡时，我们就需要修改手机类的代码，例如修改号码和运营商名称等内容。

如果每当用户有新的需求，就要修改类的某部分代码，那么就应当将这部分代码从该类中分割出来，将每种可能的变化对应地交给抽象类的子类去负责完成。在设计手机类时，SIM卡就是会变化的部分，所以我们把它设计为抽象类，包括三个抽象方法：setNumber()、getNumber()、getCorpName()，那么SIM卡的子类就必须实现这三个方法。对应不同的运营商设计SIMOfChinaMobile、SIMOfChinaTelecom子类继承这个抽象类，分别实现继承的三个抽象方法。设计出手机类的UML图，如图6-5所示。

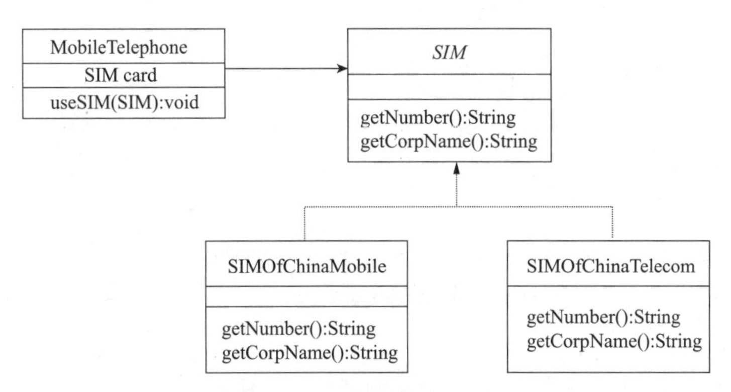

图6-5 手机类的UML图

图6-5中第一层手机使用SIM卡是核心部分，也是对修改关闭的部分。第二层SIM卡的实现类就是可扩展部分，如果还有其他运营商的SIM卡，可以继续创建子类去实现继承的这些抽象方法。这样的设计便于应对用户需求的变化，对于功能的扩展是开放的，而设计的核心部分用抽象类来完成，即使有需求变化也不需要修改，所以这部分对修改是关闭的。这种对扩展开放，对修改关闭的设计原则称为"开－闭原则"。

【例6-4】设计一个模拟使用手机的程序。

```
public abstract class SIM {
    public abstract void setNumber(String n);
    public abstract String getNumber();
    public abstract String getCorpName();
}
public class SIMOfChinaMobile extends SIM {
    String number;
    public void setNumber(String n) {
        number=n;
    }
    public String getNumber() {
        return number;
    }
     public String getCorpName() {
        return "中国移动";
    }
}
public class SIMOfChinaTelecom extends SIM {
    String number;
    public void setNumber(String n) {
        number=n;
    }
    public String getNumber() {
        return number;
    }
    public String getCorpName() {
        return "中国电信";
    }
}
public class MobileTelephone {
   SIM card;
   public void useSIM(SIM card) {
      this.card=card;
   }
   public void open() {
      System.out.print(card.getCorpName()+"欢迎你。");
      System.out.println("本机号码是:"+card.getNumber());
   }
}
public class Demo6_4 {
   public static void main(String args[]) {
      MobileTelephone telephone=new MobileTelephone();
      SIM sim=new SIMOfChinaMobile();
      sim.setNumber("139××××1688");
      telephone.useSIM(sim);
      telephone.open();
      sim=new SIMOfChinaTelecom();
      sim.setNumber("180××××1234");
```

```
        telephone.useSIM(sim);
        telephone.open();
    }
}
```

程序运行结果如图6-6所示。

```
中国移动欢迎你。本机号码是:139××××1688
中国电信欢迎你。本机号码是:180××××1234
```

图6-6　例6-4运行结果

程序的设计就满足“开－闭原则”。即使再换其他公司的SIM卡，如中国联通卡，那么可以增加一个叫SIMOfChinaUnicom的子类继承SIM类，并且MobileTelePhone类不需要做任何修改。

6.5 接口与面向接口编程

类是使用最广泛的类型，Java中除了类，还有接口类型。接口使抽象类的概念更深入了一层。接口中声明了方法，但不定义方法体，因此接口只是定义一组对外的公共接口。与类相比，接口只规定了一个类的基本形式，不涉及任何实现细节。在面向对象的程序语言中，接口就是一个行为的协议，实现一个接口的类将具有接口规定的行为，并且外界可以通过这些接口与它通信。

6.5.1　接口的定义

接口的定义包括接口声明和接口体两部分。格式如下：

```
interface 接口名(
  接口体
}
```

1. 接口声明

接口声明的格式如下：

```
[publiclj interface 接口名  [extends 父类接口列表]
```

其中 public指明任意类均可以使用这个接口。默认情况下，只与该接口定义在同一个包中的类才可以访问这个接口。extends子句与类声明中的 extends子句基本相同，不同的是一个接口可以有多个父接口，用逗号隔开，而一个类只能有一个父类。子接口继承父接口中所有的常量和方法。

2. 接口体

接口体中包含常量定义和方法定义两部分。

常量定义的具体格式如下：

```
类型名  常量名=值;
```

常量名通常全部用大写字母，可以是任何类型。在接口中定义的常量可以被实现该接口的多个类共享。在接口中定义的常量默认具有 public、final、static的属性，所以通常可以省略。

方法定义的格式如下：

```
返回值类型  方法名([参数列表]);
```

接口中只进行方法的声明，而不提供方法的实现。所以，方法定义没有方法体，且以分号“;”结尾。在接口中声明的方法默认具有 public和 abstract属性。另外，如果在子接口中定义了和父接口同名的常量和相同的方法，则父接口中的常量被隐藏，方法被重写。

6.5.2 接口的实现

在Java语言中，接口由类来实现以便使用接口中的方法。在类声明中使用implements关键字来声明该类实现一个或多个接口，如果实现多个接口，用逗号隔开这些接口名。

如果一个非抽象类实现了某个接口，那么这个类必须重写这个接口中的所有方法。由于接口中的方法一定是 public和 abstract方法，所以类在重写接口方法时要去掉 abstract修饰符，给出方法体，而且方法的访问权限一定要显式地用public来修饰，否则就降低了方法的访问权限，这是不允许的。如果一个类声明实现一个接口，但没有重写接口中的所有方法，那么这个类必须是抽象类。如果父类实现了某个接口，那么子类也就自然实现了该接口，子类不必再显式地使用implements关键字来声明实现这个接口。

【例6-5】使用接口设计一个模拟饲养员给动物喂食物程序。

```
public interface Animal {
   void eat(Food food);
}
public class Dog implements Animal {
   public void eat(Food food) {
       System.out.println("小狗吃"+food.getName());
   }
}
public class Cat implements Animal {
    public void eat(Food food) {
        System.out.println("小猫吃"+food.getName());
    }
}
public abstract class Food {
    protected String name;
    public String getName() {
       return name;
       }
    public void setName(String name) {
       this.name=name;
    }
}
```

```
public class Bone extends Food {
    public Bone(String name) {
        this.name=name;
    }
}
public class Fish extends Food {
    public Fish(String name) {
        this.name=name;
    }
}
public class Feeder {
    public void feed(Animal animal,Food food)     {
        animal.eat(food);
    }
}
public class Demo6_5 {
    public static void main(String[] args) {
        Feeder feeder=new Feeder();
        Animal animal;
        animal=new Dog();
        Food food=new Bone("肉骨头");
        feeder.feed(animal,food); //给狗喂肉骨头
        animal=new Cat();
        food=new Fish("鱼");
        feeder.feed(animal,food); //给猫喂鱼
    }
}
```

程序运行结果如图6-7所示。

```
小狗吃肉骨头
小猫吃鱼
```

图 6-7 例 6-5 运行结果

这个程序把实现了接口animal的类创建的对象的引用赋值给了该接口声明的接口变量animal，那么该接口变量就可以调用该类实现的接口方法，这在Java中称为接口回调。当不同的类实现同一个接口时可能具有不同的实现方式，那么接口变量在回调接口方法时就可能具有多种形态，这也是Java多态的表现。

6.5.3 面向接口编程

接口和抽象类类似，只不过接口中只有抽象方法，而抽象类中既可以有抽象方法也可以有非抽象方法。抽象类将其抽象方法的实现交给其子类，而接口将其抽象方法的实现交给实现该接口的类。所以学习怎样面向接口设计程序和面向抽象编程类似。接口也只关心操作，不关心这些操作的具体实现细节，可以让程序员把主要精力放在程序的设计上，而不必拘泥于细节的实现。也就是说，可以通过在接口中声明若干个abstract方法，表明这些方法的重要性，方法体的内容细节由实现接口的类去完成。使用接口进行程序

设计的核心思想是使用接口回调，即接口变量存放实现该接口的类的对象的引用，从而接口变量就可以回调类实现的接口方法。利用接口也可以体现程序设计的“开-闭原则”，即对扩展开放，对修改关闭。比如，程序的主要设计者可以设计出图6-8所示的一种结构关系。

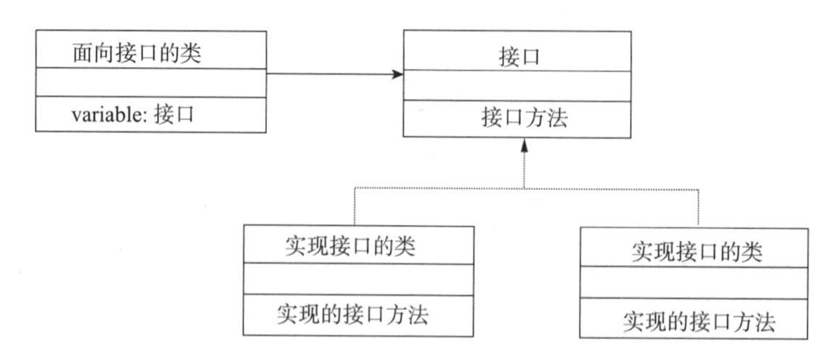

图 6-8　面向接口编程的结构图

从图6-8中可以看出，当程序再增加实现接口的类，接口变量所在的类也不需要做任何修改，就可以回调类重写的接口方法。

例如设计一个USB接口程序。通常人们使用的计算机上都有USB接口，鼠标、键盘、打印机等都可以连接到USB接口中使用。编写一个USB接口程序，模拟计算机接入外部设备的过程。

【例6-6】使用接口设计USB接口程序。

```
public interface USB {
    String TYPE="外部设备";
    void show();
}
public class Keyboard implements USB {
    public void show() {
        System.out.println("接入了"+TYPE+"键盘！");
    }
}
public class Mouse implements USB {
    public void show() {
        System.out.println("接入了"+TYPE+"鼠标！");
    }
}
public class Printer implements USB {
    public void show() {
        System.out.println("接入了"+TYPE+"打印机！");
    }
}
public class Computer {
    private String brand;
    public String getBrand() {
        return brand;
```

```
    }
    public void setBrand(String brand) {
        this.brand=brand;
    }
    public void add(USB usb){
        usb.show();
    }
}
public class Demo6_6 {
    public static void main(String[] args) {
        Computer c1=new Computer();
        c1.setBrand("联想");
        System.out.println("这台"+c1.getBrand()+"电脑: ");
        USB u1=new Mouse();
        USB u2=new Keyboard();
        USB u3=new Printer();
        c1.add(u1);
        c1.add(u2);
        c1.add(u3);
    }
}
```

程序运行结果如图6-9所示。

```
这台联想电脑:
接入了外部设备鼠标!
接入了外部设备键盘!
接入了外部设备打印机!
```

图 6-9　例 6-6 运行结果

从上面的例题中可以看到，和子类体现多态类似，由接口产生的多态就是指不同的类在实现同一个接口时可能具有的不同的实现方式。在使用多态设计程序时，要熟练使用接口回调技术以及面向接口编程的思想，以便体现程序设计所提倡的"开－闭原则"。

6.6 内部类与匿名类

在编写Java程序时，在类里面定义的类称之为内部类(Inner Class)，内部类是外部类的一个成员。Java内部类可以分为成员内部类、方法内部类和匿名内部类等。

在前面的讲解中，如果方法的参数被定义为一个抽象类或接口类型，那么就需要定义一个类来继承该抽象类或实现接口，并根据该类进行对象实例化。通常，我们还可以使用匿名内部类来继承该类或实现接口，这样所调匿名内部类就是没有名字的内部类。

先来看一下内部类的使用。

【例6-7】使用内部类。

```
abstract class  Animal {
   abstract void cry();
}
public class Demo6_7 {
   public static void main(String args[]) {
       class Cat extends Animal{  //定义了内部类cat继承了Animal类
           String kind="小猫";
           void cry() {
                System.out.println(kind+":喵喵喵.....");
       }
}
      Animal animal=new Cat();
      animal.cry();
   }
}
```

程序运行结果如图6-10所示。

```
小猫:喵喵喵.....
```

图 6-10　例 6-7 运行结果

程序中，内部类Cat继承了Animal抽象类，重写了抽象方法cry()时，将Cat类的实例对象作为传入父类Animal声明的变量animal，从而输出相应的结果。

接下来，看一个使用匿名内部类的方式来实现接口的例题。

【例6-8】使用匿名内部类实现接口。

```
public interface USB {
   String type="外部设备";
   void show();
}
public class Computer {
    public void add(USB usb){
    usb.show();
    }
}
public class Demo6_8 {
    public static void main(String[] args) {
       Computer c1=new Computer();
       System.out.print("这台电脑: ");
       c1.add(new USB() {
             public void show() {
             System.out.println("接入了"+type+"麦克风! ");
          }
       });
    }
}
```

程序运行结果如图6-11所示。

这台电脑：接入了外部设备麦克风！

图 6-11 例 6-8 执行结果

对于初学者而言，可能会觉得匿名内部类的写法比较难理解，接下来分两步来编写匿名内部类，具体如下：

（1）在调用add()方法时，在方法的参数位置写上 new USB(){}，这相当于创建了个实例对象，并将对象作为参数传给 add()方法。在 new Animal()后面有一对大括号，表示创建的对象为Animal的子类实例，该子类是匿名的。

（2）在大括号中编写匿名子类的实现代码，实现接口的方法。

至此便完成了匿名内部类的编写。匿名内部类是实现接口的一种简便写法，在程序中不一定非要使用匿名内部类。对于初学者而言不要求完全掌握这种写法，只需尽量理解语法即可。

6.7 案例实现

1. 实现思路

（1）在这个案例中有人和计算机两种角色，都要出拳，所以把这部分代码抽出来，封装成抽象类Sporter，其中定义了成员变量name，分别标识两个角色；定义了抽象方法chuquan()。

石头、剪刀、布游戏

（2）ComputerSporter类继承了Sporter类，重写了chuquan()方法，它产生一个范围在0～2之间的随机整数分别代表所出的拳。

（3）PeopleSporter类继承了Sporter类，重写了chuquan()方法，它用键盘输入0～2的整数代表所出的拳。

（4）Game类定义了play(Sporter s1, Sporter s2)方法，用数字相减来判断输赢。

2. 程序编码

```
//定义运动员类为抽象类
public abstract class Sporter {
   String name;
   public abstract int chuquan();
}
//定义人类运动员继承Sporter类
import java.util.Scanner;
public class PeopleSporter extends Sporter {
    public PeopleSporter(String name){
       this.name=name;
    }
    public int chuquan(){
       Scanner scan=new Scanner(System.in);
       int i;
```

```
            do{
               System.out.println(name+"请出拳(0-剪刀,1-石头,2-布):");
               i=scan.nextInt();
            }while(i<0 || i>2);
            scan.close();
            return i;
            }
}
//定义计算机运动员继承Sporter类
 import java.util.Random;
 public class ComputerSporter extends Sporter {
     public ComputerSporter(String name){
        this.name=name;
     }
     public int chuquan() {
         int i;
         Random rand=new Random();
         i=rand.nextInt(3);
         return i;
       }
}
//定义游戏类Game
public class Game {
   public void play(Sporter s1,Sporter s2){
       int a,b,result;
       //s1出拳
       a=s1.chuquan();
       System.out.println(s1.name+"出的是:"+quan(a));
       //s2出拳
       b=s2.chuquan();
       System.out.println(s2.name+"出的是:"+quan(b));
       //判断输赢
       result=a-b;
       if (result==0)
           System.out.println("平了");
       else if (result==1||result==-2)
           System.out.println(s1.name+"赢了");
       else
           System.out.println(s2.name+"赢了");
   }
   //用汉字显示所出的拳
   public String quan(int x){
    String str;
    if(x==0)
       str="剪刀";
    else if (x==1)
        str="石头";
    else
       str="布";
```

```
      return str;
   }
}
//定义主类
 public class MainClass {
   public static void main(String[] args) {
      Game g1=new Game();
      Sporter s1=new PeopleSporter("Tom");
      Sporter s2=new ComputerSporter("Carry");
      g1.play(s1, s2);
      }
}
```

程序的运行结果如图6-12所示。

```
Tom请出拳（0-剪刀，1-石头，2-布）：
1
Tom出的是：石头
Carry出的是：布
Carry赢了
```

图 6-12　案例执行结果

程序中Game类的play()方法的参数是抽象类，既使再加入其他类型的运动员，这个类也不需要做任何修改，这个核心部分对修改是关闭的。如果要加入其他类型的运动员就可以再增加Sporter类的子类，所以这部分扩展功能是开放的，程序设计时遵循了“开－闭原则”。

习　　题

1. 选择题

（1）Java语言用于实现子类继承父类的关键字是（　　）。

A. extend　　　　B. implement

C. extends　　　　D. implements

（2）下面有关Java程序设计的说法中，错误的是（　　）。

A. final修饰一个变量时，表明该变量是一个常量

B. final修饰一个类时，表明该类不能作为其他类的父类

C. static修饰一个变量时，表示该变量为该类对象的共享变量

D. static只能修饰成员变量和方法，还能修饰一个类

（3）在下列接口的定义中，正确的是（　　）。

A. public interface A { int a(); }

B. public interface B implements String { int a; }

C. abstract interface C {int a();}

D. abstract interface D(int a; }

（4）下面有关Java方法重载的说法中，错误的是（　　）。

A. 被重载的方法要么具有不同的参数个数，要么具有不同的参数类型

B. 方法重载又称为方法重写，是指在一个类的设计中允许出现多个同名的方法

C. 仅有方法的返回值类型不同不能构成方法重载

D. 为避免使用混乱，一般只对功能相近的方法进行重载

（5）以下程序的输出结果是（　　）。

```
public class A {
  int x=1;
  int y=2;
  public static void main(string[] args){
    new  B();
  }
}
class B extends A{
  int x=5;
  B(){
     System.out.println(super.x+x+y);
  }
}
```

A. 4　　B. 6　　C. 8　　D. 12

2. 思考题

（1）方法重写和方法重载的含义是什么？二者有什么本质区别？

（2）Java的权限修饰符的限制范围是什么？

（3）Java是如何实现多态的？

第 7 章

银行业务——异常与捕获

学习目标

- 掌握异常的概念。
- 了解Java异常处理机制。
- 学会自定义异常类的使用。

7.1 案例描述

银行卡或存折可以存钱和取钱，但是无论是存钱还是取钱，客户操作的数目都不能是负数，并且客户取出的钱不能大于存入的钱，否则业务就无法正常进行。模拟银行业务编写程序完成客户存钱、取钱操作。

7.2 异常

尽管人人希望自己身体健康、处理的事情都能顺利进行，但在实际生活中总会遇到各种状况，例如感冒发烧，工作时计算机蓝屏、死机等。同样，在程序运行的过程中，也会发生各种非正常状况，例如程序运行时磁盘空间不足、网络连接中断、被装载的类不存在等。针对这种情况，在Java语言中，引入了异常，以异常类的形式对这些非正常情况进行封装，通过异常处理机制对程序运行时发生的各种问题进行处理。

在程序运行时打断正常程序流程的任何不正常的情况称为异常。例如在下列情况出现时都将使程序产生异常。

- 要打开的文件不存在。

- 网络连接中断。
- 数组越界。
- 要加载的类找不到等。

7.2.1 异常层次结构

Java针对各种常见的异常定义了相应的异常类，并建立了异常类体系，如图7-1所示。

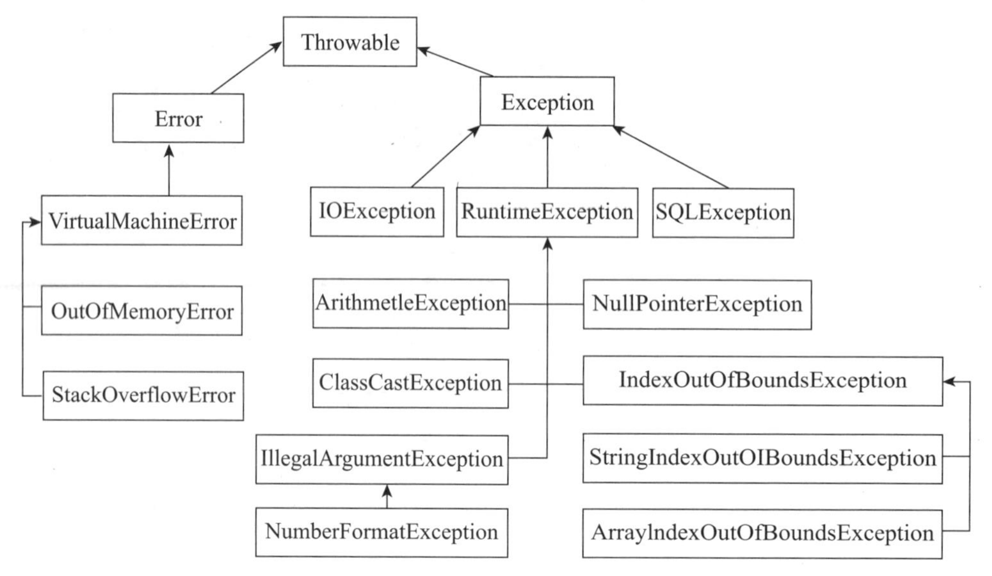

图 7-1 异常类层次

图7-1是Java异常的层次结构，但并没有包括所有的异常。java.lang. Throwable是所有异常类的共同祖先。Throwable有两个子类，Error和Exception。其中Error是错误，对于所有的编译时期的错误以及系统错误都是通过Error抛出的。这些错误表示故障发生于虚拟机自身，或者发生在虚拟机试图执行应用时，如Java虚拟机运行错误（Virtual MachineError）、内存溢出错误（OutOfMemoryError）等。这些错误是不可查的，因为它们在应用程序的控制和处理能力之外，而且绝大多数是程序运行时不允许出现的状况。对于设计合理的应用程序来说，即使确实发生了错误，本质上也不应该试图去处理它所引起的异常状况。在 Java中，错误通过Error的子类描述。Exception，是另外一个非常重要的异常子类。它规定的异常是程序本身可以处理的异常。异常和错误的区别是：异常是可以被处理的，而错误是没法处理的。

7.2.2 常见异常的种类

Exception 异常分为两大类：运行时异常和非运行时异常。程序中应当尽可能去处理这些异常。

运行时异常都是RuntimeException类及其子类表示的异常，如NullPointerException（空指针异常）、IndexOutOfBoundsException（下标越界异常）等，这些异常是不检查异常，程序中可以选择捕获处理，也可以不处理。这些异常一般是由程序逻辑错误引起的，程序应该从逻辑角度尽可能避免这类异常的发生。运行时异常的特点是Java编译器不会检查它，也就是说，当程序中可能出现这类异常，即使没有用try...catch语句捕获它，也没有用throws子句声明抛出它，也会编译通过。

非运行时异常又称为编译异常，是RuntimeException以外的异常，类型上都属于Exception类及其子类。从程序语法角度讲是必须进行处理的异常，如果不处理，程序就不能编译通过。如IOException、SQLException等以及用户自定义的Exception异常，一般情况下不自定义检查异常。

Java中常见的异常类有：

- ArithmeticException：整数的除0操作将导致该异常的发生。
- NullPointerException：对象没有实例化时，就试图通过该对象的变量访问其数据或方法。
- ArraylndexOfBoundsException：数组越界异常，即要访问的数组元素下标超过了数组的长度允许范围。
- IllegalArgumentException：方法参数异常。
- NumberFormatException：数字格式化异常，当试图将一个String转换为指定的数字类型，而该字符串不满足数字类型要求的格式时，抛出该异常。
- IOException：输入/输出时可能产生的各种异常。
- SQLException：SQL语句执行异常。

7.3 异常的处理

异常处理是指程序获得异常并处理，然后继续程序的执行。为了使程序安全，Java要求如果程序中调用的方法有可能产生某种类型的异常，那么调用该方法的程序必须采取相应动作处理异常。异常处理具体有如下两种方式：

（1）捕获并处理异常。

（2）将方法中产生的异常抛出。

7.3.1 捕获并处理异常

Java使用 try...catch...finally语句来处理异常，将可能出现的异常操作的语句放在try部分，一旦try部分抛出异常对象或调用某个可能抛出异常对象的方法，并且该方法抛出了异常对象，那么try部分将立刻结束执行，转向执行相应的 catch部分，无论是否发生异常，最后都执行finally部分。所以程序可以将发生异常后的处理放在 catch部分。

try...catch...finally语句可以由几个 catch组成，分别处理发生的相应异常。try...catch...finally语句的格式如下：

```
try {
     包含可能发生异常的语句
```

```
}
catch(ExceptionSubClass1 e) {
    …
}
[catch(ExceptionSubClassn e) {
    …
}
]
[finally{
    …
}
]
```

上述格式中，各个 catch参数中的异常类都是 Exception的某个子类，表明try部分可能发生的异常，这些子类之间不能有父子关系，否则保留一个含有父类参数的 catch即可。

【例7-1】简单异常处理例题。

```
public class Demo7_1{
    public static void main(String []args) {
      String []arr={"张飞","刘备","关羽"};
      for(int i=0;i<4;i++)
      {
          try {
              System.out.println(arr[i]);
          }catch(ArrayIndexOutOfBoundsException e) {}
          finally {System.out.printIn("无论是否捕获到异常，程序都执行这条语句");}
      }
    }
}
```

程序运行结果如图7-2所示。

```
无论是否捕获到异常，程序都执行这条语句。
刘备
无论是否捕获到异常，程序都执行这条语句。
关羽
无论是否捕获到异常，程序都执行这条语句。
捕获到了java.lang.ArrayIndexOutOfBoundsException: 3
无论是否捕获到异常，程序都执行这条语句。
```

图 7-2　例 7-1 运行结果

上面的例题循环变量i值在0～3之间，但定义的数组的最大下标是2，所以程序运行会产生数组越界异常，但因为例题做了异常处理，程序依然能够正常终止运行。无论是否发生异常，finally子句中的代码都会被执行，所以一共执行了4次。

7.3.2　将方法中产生的异常抛出

第二种异常处理的方法是：将方法中可能产生的异常抛出。调用该方法的程序将接收到所抛出的异常。如果被抛出的异常在调用程序中未被处理，则该异常将被沿着方法的调用关系继续上抛，直到被处理。如果一个异常返回到main()方法，并且在man()中还未被处理，则该异常将让程序非正常地终止。

1. 声明异常——throws关键字

在方法的声明中使用 throws关键字进行异常声明，具体格式如下：

```
返回值类型 方法名([参数列表]) throws 异常列表
```

其中，异常列表可以包含多个异常类型，用逗号隔开。带有 throws子句的方法所抛出的异常有两种来源：一是方法中调用了可能抛出异常的方法，二是方法体中生成并抛出的异常对象。

2. 抛出异常——throw语句

异常的抛出是通过throw语句来实现的，该语句的一般格式如下：

```
throw 异常对象;
```

执行 throw语句后，运行流程立即停止，throw的下一条语句将暂停执行，系统转向调用者程序，检查是否有catch子句能匹配的异常对象。如果找到相匹配的对象，系统转向该子句，如果没有找到，则转向上一层的调用程序，这样逐层向上，直到最外层的异常处理程序终止程序并打印出调用栈的情况。

7.4 自定义异常类

Java语言允许用户在需要时创建自己的异常类型，用于表述Throwable中未包括的其他异常类的情况。自定义异常类必须继承 Throwable或其子类，一般继承Exception类。依据命名惯例，其名应以Exception结尾。

用户自定义异常未被加入JRE的控制逻辑中，因此永远不会自动抛出，只能由用户手动创建并抛出。手动抛出自定义异常类的语句格式如下：

```
throw  new  <自定义异常名>([参数表]);
```

【例7-2】抛出自定义异常例题。

```
public class MyException extends Exception {
   private int id;
   public MyException(String message ,int id) {
       super(message);
       this.id=id;
   }
   public int getId() {
       return id;
   }
}
public class ThrowTest {
  public void regist(int num) throws MyException{
```

```
        if (num<0) {
            throw new MyException("人工抛出异常：人数为负值！",3);
        }
            System.out.println("登记人数："+num);
    }
    public void manager() {
        try {
            regist(-100);
        }catch(MyException e) {
            System.out.println("登记出错，类别："+e.getId());
        }
        System.out.println("本次登记结束。");
        }
    }
    public class Demo7_2 {
        public static void main(String[] args) {
            ThrowTest t=new ThrowTest();
            t.manager();
        }
    }
```

程序运行结果如图7-3所示。

```
登记出错，类别：3
本次登记结束。
```

图 7-3　例 7-2 运行结果

7.5 案例实现

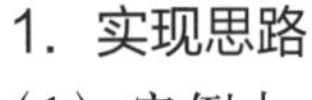

1. 实现思路

银行业务

（1）案例中，银行卡和存折都有存钱和取钱的功能，还有一些共同的属性，如姓名、金额等，定义一个具有这些属性的父类Depositor，并包含in()和out()方法，Card类和Bankbook类都继承这个父类。为了让Cart类和Bankbook类必须重写这两个方法，定义Depositor为抽象类。

（2）in()和out()方法执行时都要抛出异常，如金额为负数，或取钱时的金额大于储户的余额。

（3）自定义一个异常类，控制取钱和存钱的数目都不能是负数。

（4）自定义一个异常类，控制取钱数量不能超过储户现有的金额。

2. 程序编码

```
//自定义异常类处理负数
public class MinusException extends Exception {
    public String warnMess() {
```

```
            return "该数字不能是负数";
        }
}
//自定义异常类处理要取的数大于存的数
public class GreaterThanException extends Exception {
    public String warnMess() {
        return "余额不足";
    }
}
//定义抽象类Depositor
public abstract class Depositor {
    protected String name;
    protected  int money;
    public abstract int in(int number) throws MinusException;
    public abstract int out(int number) throws MinusException,
    GreaterThanException;
}
//定义Bankbook类继承Depositor类
public class Bankbook extends Depositor {
    public Bankbook(String name, int money) {
        this.name=name;
        this.money=money;
    }
    public int in(int number) throws MinusException {
        System.out.println(name+"在用存折存钱。");
        if(number<0)
            throw new MinusException();
        else
            money=money+number;
        return money;
    }
    public int out(int number) throws MinusException, GreaterThanException {
        System.out.println(name+"在用存折取钱。");
        if(number<0)
            throw new MinusException();
        else if (number>money)
            throw new GreaterThanException();
        else
            money=money-number;
        return money;
    }
}
//定义Card类继承Depositor类
public class Card extends Depositor{
    public Card(String name, int money) {
        this.name=name;
        this.money=money;
    }
    public int in(int number) throws MinusException {
```

```
        System.out.println(name+"在用卡存钱。");
        if(number<0)
            throw new MinusException();
        else
            money=money+number;
        return money;
    }
    public int out(int number) throws MinusException, GreaterThanException {
        System.out.println(name+"在用卡取钱。");
        if(number<0)
            throw new MinusException();
        else if(number>money)
            throw new GreaterThanException();
        else
            money=money-number;
        return money;
    }
}
//定义主类
public class MainClass {
    public static void main(String[] args) {
        Bankbook b1=new Bankbook("刘备",1000);
        Card c1=new Card("曹操",1000);
        try {
          b1.in(100);
        } catch(MinusException e) {
          e.warnMess();
        }finally {
          System.out.println(b1.name+"的存折余额是"+b1.money);
        }
        try {
          c1.in(-100);
        } catch (MinusException e1) {
          e1.warnMess();
        }finally {
          System.out.println(c1.name+"的卡余额是"+c1.money);
        }
        try {
          b1.out(1200);
        } catch(MinusException e) {
          e.warnMess();
        } catch(GreaterThanException e) {
          e.warnMess();
        }finally {
          System.out.println(b1.name+"的存折余额是"+b1.money);
        }
        try {
          c1.out(800);
        } catch(MinusException e) {
```

```
            e.warnMess();
        } catch(GreaterThanException e) {
            e.warnMess();
        }finally {
            System.out.println(c1.name+"的卡余额是"+c1.money);
        }
    }
}
```

程序的运行结果如图7-4所示。

```
刘备在用存折存钱。
该数字不能是负数
刘备的余额是1000
曹操在用卡存钱。
曹操在用卡取钱。
余额不足
曹操的余额是1100
```

图 7-4　案例执行结果

程序中给刘备办了一张存折，曹操办了一张卡，刘备在办理存钱业务的时候出现了负数异常，所以try程序块中后面的代码没有执行，执行相应的catch块，最后执行finally语句块。曹操存钱业务完成，但是取钱业务抛出了余额不足的异常，最后都执行finally语句块。

习　题

1. 选择题

（1）抛出异常使用的关键字是（　　）。

A. throw　　B. catch　　C. finally　　D. try

（2）以下选项中能够填入“throw new ______”的是（　　）。

A. Integer　　B. String

C. Double　　D. FileNotFoundException

（3）关于try语句中catch子句的排列方式，下列说法中正确的是（　　）。

A. 父类异常在前，子类异常在后

B. 子类异常在前，父类异常在后

C. 只能有父类异常

D. 子类异常和父类异常可以任意先后顺序

（4）下列常用标准异常中，属于受检查异常的是（　　）。

A. OutOfMemoryError　　B. ArrayIndexOutOfBoundsExcepuior

C. FileNotFoundException　　D. RuntimeException

（5）下列关于带 finally的try语句的说法正确的一项是（　　）。

A. try语句中必须包括且仅能包括一个 catch块

B. try语句中try块抛出的受检查异常都必须在该try语句的catch块中捕获

C. 如果有异常未被try语句的catch子句捕获，则由finally子句捕获

D. 无论try块内代码是否抛出异常，finally块总是在try语句的最后被执行

（6）当方法遇到异常又不知如何处理时，正确的做法是（　　）。

A. 捕获异常　　B. 匹配异常　　C. 嵌套异常　　D. 声明抛出异常

（7）下列关于throws关键字的说法，正确的是（　　）。

A. throws用于抛出异常

B. throws用于声明抛出异常

C. throws只能声明抛出受检查异常

D. throws声明抛出的异常都必须捕获处理

2. 思考题

（1）异常、抛出和捕获的具体含义是什么？

（2）在多catch子句的try语句中，捕获异常的规则是什么？

（3）在带finally块的try语句结构中，各部分的作用是什么？

（4）给出3个Java标准异常类并说明其意义。

第8章

万年历——实用API

学习目标

- 了解java.lang包中的常用类。
- 了解java.util包中的常用类。

8.1 案例描述

编写一个万年历程序：在屏幕上显示某年某月的“日历”，如输出2019年5月的日历，如图8-1所示。

日	一	二	三	四	五	六
			1	2	3	4
5	6	7	8	9	10	11
12	13	14	15	16	17	18
19	20	21	22	23	24	25
26	27	28	29	30	31	

图 8-1　输出日历页

8.2 java.lang 包中的常见类

java.lang包是Java语言体系中其他所有类库的基础，已经内嵌到Java虚拟机中，而且以对象的形式创建好了。所以，我们在使用java.lang包时不需要再使用import将其导入，可以直接使用java.lang包中的所有类以及直接引用某个类中的成员变量和方法。

8.2.1 基本数据类型的包装类

1. 基本数据类型的包装类

Java有八种基本数据类型：boolean、byte、short、int、long、char、float和double，同时Java又提供了包装类用来把基本数据类型表示成类。每个Java基本数据类型在java.lang包中都有一个对应的 包装类，如表8-1所示。

表 8-1 Java 基本数据类型的包装类

基本数据类型	包 装 类	基本数据类型	包 装类
boolean	Boolean	long	Long
byte	Byte	char	Character
short	Short	float	Float
int	Integer	double	Double

把基本数据类型的一个值传给包装类的相应构造函数，可以构造包装类的对象。例如：

```
int a=300;
Integer integer1=new Integer(a);
int b=integer1.intValue();
```

包装类中包含了很多有用的方法和常量。如数值型包装类中的MIN_VALUE和MAX_VALUE常量，定义了该类型的最小值与最大值。包装类对象分别调用byteValue()、shortValue()、intValue()等方法返回该对象含有的基本类型数据。调用valueOf()或parseInt()方法将字符串转换成数值，其中valueOf()返回的是Integer对象，parseInt()返回的是int对象。toString()方法实现将数值转换成字符串。例如：

```
String str1="123";
int x=Integer.parseInt(str1);
int y=Integer.valueOf(str1).intValue();
String str2=String.toString(x+y);
```

2. 自动装箱和拆箱

从JDK 1.5开始，Java对基本类型的数据提供了自动装箱（autoboxing）和自动拆箱（autounboxing）功能。当编译器发现程序在应该使用对象的地方使用了基本数据类型的数据，编译器将把该数据包装为该基本类型对应的包装类的对象，这称为自动装箱。相应的，当编译器发现在应该使用基本类型数据的地方使用了包装类的对象，则会把该对象拆箱，从中取出所包含的基本类型数据，这称为自动拆箱。

【例8-1】自动装箱与拆箱。

```
public class Demo8_1 {
    public static void main(String[] args) {
      Integer int1,int2;
      int c;
      int1=20;int2=10;
```

```
        if ((c=int1.compareTo(int2))==0)
            System.out.println("int1 is equal to int2");
        else
            if(c<0)
                System.out.println("int1 is less than int2");
            else
                System.out.println("int1 is greater than int2");
            System.out.println("The sum of int1 and int2 is "+(int1+int2));
    }
}
```

程序运行结果如图8-2所示。

```
int1 is greater than int2
The sum of int1 and int2 is 30
```

图8-2　例8-1运行结果

程序中，给int1和int2这两个变量赋予整型值，但由于它们是Integer类型的，编译器将自动把两个整型数值自动封装为两个Integer对象，这才使得下面的compareTo()方法能正常运行。最后一行代码又进行了int1和int2两个对象所包含的整型数值的加法运算，这时int1和int2又被自动拆箱，这样它们才能进行加法运算。

8.2.2　String类

由于在程序设计中经常涉及处理字符序列，为此Java专门提供了用来处理字符序列的String类，需要注意的是Java把String类定义为final类，因此String类不可以有子类。

String对象习惯地被翻译为字符串对象。String常量也是对象，是用双引号括起的字符序列，例如："你好"、"boy"等。使用String类声明对象并直接赋值，例如：

```
String s ="we are students";
```

也可以用new运算符创建 String对象，例如：

```
string t=new String(s);
```

或使用字符数组创建String类对象，例如：

```
char a[]={'J','a','v','a'}
string s= new string(a);
```

因为String类型不是基本数据类型，所以对象变量s中存放的是引用，表明自己的实体的位置。但是，用户无法输出String对象的引用，例如：

```
System.out.println(s);
```

这时候输出的是对象的实体，即字符序列“we are students”。

String对象可以用“+”进行连接运算，即首尾相接得到一个新的String对象。例如：

```
String str1="Hello";
String str2="world";
String str1=str1+str2;
```

上面的语句中str1+str2连接产生了一个新的字符串，但是将它赋值给str1时，str1就必须改变原来的引用。因为String类的对象创建完毕之后，该对象的内容（字符序列）是不允许改变的，如果内容改变则会创建一个新的String对象，由于频繁改变一个String变量的值会产生大量的内存垃圾，所以经常进行字符串的增删改操作时并不常使用String类型来操作。

String类的常用方法：

- public int length()：获取一个 String对象的字符序列的长度。
- public boolean equals(String s)：比较当前 String对象的字符序列是否与参数s指定的String对象的字符序列相同。
- public boolean startsWith(String s)：判断当前 String对象的字符序列前缀是否是参数指定的s的字符序列。
- public boolean endsWith(String s)：判断当前 String对象的字符序列后缀是否是参数指定的s的字符序列。
- public int compareTo(String s)：按字典序列与参数指定的s的字符序列比较大小。如果当前String对象的字符序列与s的相同，该方法返回值0；如果大于s的字符序列，该方法返回正值；如果小于s的字符序列，该方法返回负值。
- public boolean contains(String s)：判断当前 String对象的字符序列是否包含参数s的字符序列。
- public int indexOf (String s)：从String对象的字符序列的0索引位置开始检索第一次出现str的字符序列的位置，并返回该位置，如果没有检索到，就返回值为-1。
- public String substring(int startpoint)：获得一个新的 String对象，新的 String对象的字符序列是复制当前 String对象的字符序列中的 startpoint位置至最后位置上的字符所得到的字符序列。
- public String trim()：得到一个新的 String对象，这个新的String对象的字符序列是当前 String对象的字符序列去掉前后空格后的字符序列。
- public String[] split(String regex)：使用参数指定的正则表达式regex作为分隔标记分解出子字符串。（有关正则表达式的内容大家可以去查阅相关资料学习。）

【例8-2】判断邮箱地址是否合法。

```
import java.util.*;
public class Demo8_2 {
   public static void main(String[] args) {
   Scanner scan=new Scanner(System.in);
   System.out.println("Please enter your email:");
   String email=scan.nextLine();
   boolean flag=false;
   email=email.trim();
   int n=email.indexOf("@");
   int length=email.length();
   if(n>0 && n<length-1 ) {
       if(email.indexOf("@", n+1)<0)
```

```
            flag=true;
        }
        if(flag)
            System.out.println("This email is correct.");
        else
            System.out.println("This email is not correct.");
    }
}
```

程序运行结果如图8-3所示。

```
Please enter your email:
12345@qq.com
This email is correct.
```

图 8-3 例 8-2 运行结果

本程序对仅仅判断了输入的email必须包含@符号，并且只能有一个@符号，这个符号既不在开头，也不在结尾。如果要进行较完整的合法性校验，使用正则表达式会更加方便。

8.2.3 Math类

Math类提供了常用的数学常量和数学方法。Math类中的所有的变量和方法都是用static和final关键字修饰的，因此都可以直接使用“类名.方法名()”的形式调用。常用的Math类中提供的常量和方法如下：

常量：Math.E，表示自然对数的底，由常数e指定。

　　　Math.PI，表示圆的周长与直径的比值，由常数π指定。

三角函数：sin()、cos()、tan()、asin()、acos()、atan()等。

数学函数：log()、exp()、pow()、max()、min()、abs()等。

Math类提供了三个与取整有关的方法：ceil()、floor()、round()方法。这些方法的作用与它们的英文名称的含义相对应，例如：ceil的英文意义是天花板，该方法就表示向上取整，Math.ceil(11.3)的结果为12，Math.ceil(-11.6)的结果为-11。floor的英文是地板，该方法就表示向下取整，Math.floor(11.6)的结果是11，Math.floor(-11.4)的结果-12。round方法表示“四舍五入”，算法为Math.floor(x+0.5)，即将原来的数字加上0.5后再向下取整，所以，Math.round(11.5)的结果是12，Math.round(-11.5)的结果为-11。

8.2.4 Object类

Object类是一个特殊的类，是所有类的父类，如果一个类没有用extends明确指出继承于某个类，那么它默认继承Object类。因此，Object类是所有类的祖先类，Java中的每一个类都是Object的直接或间接子类。在Object类中已经定义了所有Java类经常使用的基础性的方法，子类可以直接使用或重写后使用。

1. 取得对象信息的方法：toString()

toString()返回该对象的字符串表示：包路径.类名@此对象的哈希码（无符号十六进制数）。

【例8-3】调用toString()方法。

```
public class Student {
    private String name;
    private int age;
    public String getName() {
        return name;
    }
    public void setName(String name) {
        this.name=name;
    }
    public int getAge() {
        return age;
    }
    public void setAge(int age) {
        this.age=age;
    }
}
public class Demo8_3 {
    public static void main(String[] args) {
        Student s=new Student();
        s.setName("诸葛亮");
        s.setAge(32);
        System.out.println("姓名: "+s.getName()+", 年龄: "+s.getAge());
                                                            //输出对象属性
        System.out.println(s);//直接输出对象信息
        System.out.println(s.toString());//调用父类方法输出对象信息
  }
}
```

程序运行结果如图8-4所示。

```
姓名：诸葛亮，年龄：32
demo8.Student@70dea4e
demo8.Student@70dea4e
```

图 8-4 例 8-3 运行结果

从程序运行结果可以看出，编译器默认调用toString()方法输出对象，但输出的是对象的地址，我们并不能看懂它的意思。那么通常会重写Object类的toString()方法来输出对象属性信息。

例如，在上述Student类中添加代码如下：

```
public String toString() {
    return "姓名: "+name+", 年龄: "+age;
}
```

那么调用toString()方法的输出结果就改变为：

```
姓名: 诸葛亮, 年龄: 32
```

这样对象信息就更加清晰明了。

2. 对象签名：hashCode()

hashCode()返回该对象的 HashCode（哈希码）。在Java中每一个对象都有一个HashCode（由当前对象地址转换而成的一个十六进制整数），因此可以通过 HashCode来唯一地标识一个对象。如果希望 hashCode()返回的哈希码与对象的若干属性相关联，而不仅仅是对象的地址，这时就要重写 hashCode()方法了。

3. 对象相等判断方法：equals()

equals()方法默认与关系运算符“==”的功能相同，用于比较两个对象的引用是否相同。通过查看Java源码可以证实这一点。JDK源码中的 equals()方法定义如下：

```
public boolean equals(Object obj){
    return (this=obj);
}
```

包括String、Integer、Double在内的许多类已经覆盖了Object类中的equals()方法，功能改为比较两个对象的内容是否相等。

假设一个对象有多个属性，如果两个对象的所有属性值相等，就认为这是同一个对象。要想实现这一点，就必须通过重写 Object类的 equals()方法来实现。

如果重写了equals()方法，还要重写hashCode()方法，确保相等的两个对象拥有相等的hashCode。

【例8-4】调用equals()方法和hashCode()方法。

```
public class Student {
    private String name;
    private int age;
    public String getName() {
        return name;
    }
    public void setName(String name) {
        this.name=name;
    }
    public int getAge() {
        return age;
    }
    public void setAge(int age) {
        this.age=age;
    }
}
public class Demo8_4 {
    public static void main(String[] args) {
    Student s1=new Student();
    Student s2=new Student();
    s1.setName("诸葛亮");
    s1.setAge(32);
    s2.setName("诸葛亮");
```

```
        s2.setAge(32);
        System.out.println(s1.hashCode());
        System.out.println(s2.hashCode());
        System.out.println(s1.equals(s2));
      }
   }
```

程序运行结果如图8-5所示。

```
118352462
1550089733
false
```

图 8-5　例 8-4 运行结果

重写Student类的equals()方法和hashCode()方法，在Student类中添加代码如下所示：

```
public int hashCode(){
      return age*(name.hashCode());
   }
public boolean equals(Object obj) {
     boolean flag=false;
     if(obj instanceof Student) {
        Student s=(Student)obj;
     if(this.name.equals(s.name)&&this.age==s.age)
        flag=true;
     }
     return flag;
}
```

重新运行Demo8-4，运行结果如图8-6所示。

```
1136162144
1136162144
true
```

图 8-6　重写 equals() 方法和 hashCode() 方法后的运行结果

8.2.5　Class类

Class类也是java.lang包中的一个类，与平时自定义的类一样，只不过名字较特殊，也是继承了Object类。Class类定义的源码如下所示：

```
public final class Class<T>
extends Object
implements Serializable, GenericDeclaration, Type, AnnotatedElement
```

从代码中可看出，它是一个静态类，继承了Object类，实现了多个接口。

Java运行时，系统一直对所有的对象进行运行时类型标识。这项信息记录了每个对象所属的类，Class类就用来保存这些类型信息。Class类封装一个对象和接口运行时的状态，当装载类时，Class类型的对象自动创建。

Class没有公共构造方法。Class 对象是在加载类时由JVM以及通过调用类加载器中的defineClass() 方法自动构造的，因此不能显式地声明一个Class对象。可以通过以下3种方式获得某个类或对象的Class对象。

（1）调用Object类的getClass()方法来得到Class对象，这也是最常见的产生Class对象的方法。

（2）使用Class类的中静态forName()方法获得与字符串对应的Class对象。

（3）如果T是一个Java类型，那么T.class就代表了匹配的类对象。

【例8-5】使用Class类创建对象。

```
public class TestClassType{
    public TestClassType() {
        System.out.println("----构造函数---");
    }
    static {
        System.out.println("---静态代码块初始化---");
    }
    {
        System.out.println("----非静态代码块初始化---");
    }
}
public class Demo8_5 {
    public static void main(String[] args) {
    try {
        // 测试Class.forName()
        Class test1=Class.forName("demo8.TestClassType");
        System.out.println("test1---" + test1);
        // 测试类名.class
        Class test2=TestClassType.class;
        System.out.println("test2---" + test2);
        // 测试Object.getClass()
        TestClassType test3=new TestClassType();
        System.out.println("test3---" + test3.getClass());
        } catch (ClassNotFoundException e) {
            e.printStackTrace();
        }
    }
}
```

程序运行结果如图8-7所示。

```
---静态代码块初始化---
test1---class demo8.TestClassType
test2---class demo8.TestClassType
----非静态代码块初始化---
----构造函数---
test3---class demo8.TestClassType
```

图 8-7 例 8-5 运行结果

由程序运行结果可看出：forName()调用的是静态代码块初始化；new是先调用非静态代码块初始化，然后调用构造函数。它们生成Class对象是一样的，那就是在JVM中只生成一个Class对象，只打印一次“静态的参数初始化”，表示静态代码块只执行一次，是在加载类的时候初始化；非静态代码块是new类实例对象的时候初始化的。

8.2.6 System类

Java不支持全局函数和全局变量，Java将一些与系统相关的重要函数和变量都放到了System类的内部。System类提供了对外部定义的属性和环境变量的访问、加载文件和库的方法，还有快速复制数组的一部分实用方法。System类的构造方法用private修饰了，所以无法创建该类的对象，也就是无法实例化该类。其内部的成员变量和成员方法都是static的，可以直接使用类名进行调用。

1. 成员变量

System类内部包含in、out和err三个成员变量，分别代表标准输入流、标准输出流和标准错误输出流。例如：

```
System.out.println("Test");
```

这行代码的作用是将字符串"Test"输出到系统的标准输出设备上，也就是显示在屏幕上。后面在学习完IO相关的知识以后，可以使用System类中的成员方法改变标准输入流等对应的设备，如可以将标准输出流输出的信息输出到文件内部，从而形成日志文件等。

2. 成员方法

System类中提供了一些系统级的操作方法，这些方法实现的功能分别如下：

（1）arraycopy()方法：public static void arraycopy(Object src, int srcPos, Object dest, int destPos, int length)。

arraycopy()方法的作用是数组复制，也就是将一个数组中的内容复制到另外一个数组中的指定位置，由于该方法是native方法，所以性能上比使用循环高效。

例如：

```
int[] a={1,2,3,4};
int[] b=new int[5];
System.arraycopy(a,1,b,3,2);
```

这几行代码的作用是将数组a中从下标为1开始的元素复制到数组b从下标3开始的位置，总共复制2个。也就是将a[1]复制给b[3]，将a[2]复制给b[4]，这样经过复制以后数组a中的值不发生变化，而数组b中的值将变成{0, 0, 0, 2, 3}。

（2）currentTimeMillis()方法：public static long currentTimeMillis()。

currentTimeMillis()方法的作用是返回当前的计算机时间，时间的表示方式为当前计算机时间和GMT时间（格林威治时间）1970年1月1号0时0分0秒所差的毫秒数。这个方法通常用来计算系统时间。例如，计算程序运行需要的时间可以使用如下的代码：

```
long start=System.currentTimeMillis();
```

```
    for(int i=0;i < 100000000;i++){
        int a=0;
}
long end=System. currentTimeMillis();
long time=end-start;
```

这里变量time的值就代表该代码中间的for循环执行需要的毫秒数，使用这种方式可以测试不同算法的程序的执行效率高低，也可以用于后期线程控制时的精确延时实现。

（3）exit()方法：public static void exit(int status)。

exit()方法的作用是退出程序。其中status的值为0代表正常退出，非零代表异常退出。使用该方法可以在图形界面编程中实现程序的退出功能。

（4）gc()方法：public static void gc()。

gc()方法的作用是请求系统进行垃圾回收。至于系统是否立刻回收，则取决于系统中垃圾回收算法的实现以及系统执行时的情况。

（5）getProperty()方法：public static String getProperty(String key)。

getProperty()方法的作用是取JVM的属性，通过在参数中输入不同的字符串获取系统相应属性，例如：

```
System.out.println(System.getProperty("java.version"));
```

这行代码的作用是输出Java运行的版本号，如1.8.0_161。

8.2.7 Runtime类

Runtime类代表Java程序运行时环境，每个Java程序都有一个与之对应的Runtime实例，应用程序通过该对象与其运行时环境相连。应用程序不能创建自己的Runtime实例，但可以通过getRuntime()方法获取与之关联的Runtime对象。

与System类似的是，Runtime也提供了gc()和runFinalization()方法通知系统进行垃圾回收清理系统资源，并提供了load(String fileName)和loadLibrary(String libname)方法加载文件和动态链接库。

Runtime类代表系统运行时环境，也可以访问JVM的相关信息，如处理器数量、内存信息等。Runtime类还可以单独启动一个进程来运行操作系统的命令，例如：

```
Runtime rt=Runtime.getRuntime();
rt.exec("notepad.exe");
```

这两行代码的作用就是启动Windows操作系统的记事本。

【例8-6】Runtime类的常用方法。

```
public class Demo8_6 {
    public static void main(String[] args) {
    //获取Java程序相关联的运行时对象
    Runtime rt=Runtime.getRuntime();
    System.out.println("处理器数量:"+rt.availableProcessors());
    System.out.println("空闲内存数:"+rt.freeMemory());
    System.out.println("总内存数:"+rt.totalMemory());
```

```
    System.out.println("可用最大内存数:"+rt.maxMemory());     }
}
```

程序运行结果如图8-8所示。

```
处理器数量:4
空闲内存数:63144720
总内存数:64487424
可用最大内存数:954728448
```

图 8-8　例 8-6 运行结果

8.3 java.util 包中的常见类

java.util包是Java的实用工具类库。在这个包中，Java提供了一些实用的方法和数据结构。例如，Java提供日期（Data）类、日历（Calendar）类来产生和获取日期及时间，提供随机数（Random）类产生各种类型的随机数，还提供了集合框架等相应的数据结构。

8.3.1 Random类

Math类有random()方法可以产生随机数，看它的源代码就可以发现，其实这个方法就是直接调用Random类中的nextDouble()方法实现的。要产生随机数，还可以通过实例化一个Random类的对象创建一个随机数生成器。例如：

```
Random random=new Random();
```

以这种形式实例化对象时，Java编译器以系统当前时间作为随机数生成器的种子，因为每时每刻的时间都不可能相同，所以产生的随机数也不同。如果运行速度太快，也会产生两次运行结果相同的随机数。也可以在实例化Random类对象时，自定义随机数生成器的种子。例如：

```
Random random=new Random(long seedValue);
```

Random类中还提供各种类型随机数的方法：

- public boolean nextBoolean()：生成一个随机的boolean值，生成true和false的值概率相等，也就是都是50%的概率。
- public double nextDouble()：生成一个随机的double值，数值介于[0,1.0)之间。
- public int nextInt()：生成在-2^31～2^31-1之间int值。
- public int nextInt(int n)：生成一个介于[0,n)的区间int值，包含0而不包含n。
- public float nextFloat()：生成一个随机的float值，数值在[0,1.0）之间。
- public long nextLong()：生成一个随机的long值，它是取自此随机数生成器序列的均匀分布的long值。
- public double nextGaussian()：返回下一个伪随机数，它是取自此随机数生成器序列的、呈高斯（正态）分布的double值，其平均值是0.0，标准差是1.0。

- public void setSeed(long seed)：重新设置Random对象中的种子数。设置完种子数以后的Random对象和使用new关键字设置相同种子数创建出的Random对象相同。

当要求生成一定范围之内的随机整数时，例如要产生[0, 10)区间的整数，可以使用如下代码：

```
int num=random.nextInt(10);
```

或者

```
int num=Math.abs(random.nextInt()%10);
```

第一种是使用Random类中的nextInt(int n)方法直接实现，第二种是调用nextInt()方法生成一个任意的int数字，该数字和10取余以后生成的数字区间为(-10, 10)，然后再对该区间求绝对值，则得到的区间就是[0, 10)了。那么，生成任意[0, n)区间的随机整数，都可以使用如下代码：

```
int num=r.nextInt(n);
```

或者

```
int num=Math.abs(r.nextInt()%n);
```

如果要生成[1, 100)区间的整数，则可以使用如下代码：

```
int num=random.nextInt(100)+1;
```

或者

```
int num=Math.abs(random.nextInt()%100)+1;
```

那么，要生成任意[m, n)区间的随机整数的公式就留给读者自行思考吧。

8.3.2 StringBuffer类

StringBuffer类的对象的实体的内存空间可以自动地改变大小，便于存放一个可变的字符序列。

StringBuffer类有四个构造方法如下：

- StringBuffer()：建立一个长度为16个字符的空的StringBuffer，当该对象的实体存放的字符序列的长度大于16时，实体的容量自动地增加，以便存放所增加的字符。
- StringBuffer(int size)：建立指定长度的空的StringBuffer，当该对象的实体存放的字符序列的长度大于size个字符时，实体的容量自动地增加，以便存放所增加的字符。
- StringBuffer(CharSequence seq)：在指定CharSequence的基础上构建一个StringBuffer。
- StringBuffer(String s)：创建一个 StringBuffer对象，那么可以指定分配给该对象的实体的初始容量为参数s的字符序列的长度再加16。

String Buffer类的常用方法有：

- StringBuffer append(String s)：将String对象s的字符序列追加到当前 StringBuffer对象的字符序列中，并返回当前 StringBuffer对象的引用。
- public char charAt(int n)：得到StringBuffer对象的字符序列位置n上的字符。
- public void setCharAt(int n,char ch)：将当前StringBuffer对象的字符序列位置n处的字符用参数ch指定的字符替换。
- public StringBuffer insert(int index, String str)：将参数str指定的字符序列插入到参数 index指定的位置，并返回当前对象的引用。
- public StringBuffer reverse()：将该对象实体中的字符序列翻转，并返回当前对象的引用。
- public StringBuffer delete(int startIndex, int endIndex)：从当前 StringBuffer对象的字符序列中删除一个子字符序列，并返回当前对象的引用。删除的子字符序列由下标 startIndex和 endIndex指定；从startIndex位置到 endIndex-1位置处的字符序列被删除。
- public String Buffer replace(int startIndex, int endIndex, String str):将当前 StringBuffer对象的字符序列的一个子字符序列用参数str指定的字符序列替换。被替换的子字符序列由下标 startIndex和 endIndex指定，即从 startIndex到 endIndex-1的字符序列被替换。该方法返回当前 StringBuffer对象的引用。

通常进行完字符序列的增删改操作后，可以使用String类的构造方法 String (String Buffer bufferstring)创建一个String对象。

8.3.3 StringTokenizer类

StringTokenizer类对象可以方便地将String对象分解成字符序列。和String类的split()方法不同的是，StringTokenizer对象不使用正则表达式作分隔标记。

StringTokenizer类有两个常用的构造方法：

- String Tokenizer (String s)：为 String对象s构造一个分析器。使用默认的分隔标记，即空格符、换行符、回车符、Tab符、进纸符做分隔标记。
- String Tokenizer(String s, String delim)：为 String对象s构造一个分析器。参数delim的字符序列中的字符的任意排列被作为分隔标记。

例如：

```
StringTokenizer fenxi=new StringTokenizer("you are welcome");
StringTokenizer fenxi=new stringTokenizer("you#*are*##welcome","#*");
```

通常称一个 StringTokenizer对象为一个字符串分析器。它有以下常用方法：

- public int countTokens()：返回总共匹配到的标记数目。
- public boolean hasMoreTokens()：返回是否还有分隔符。
- public String nextToken()：返回从当前位置到下一个分隔符的字符串。

【例8-7】使用StringTokenizer进行单词分离。

```
import java.util.*;
```

```
public class Demo8_7 {
    public static void main(String[] args) {
        Scanner scan=new Scanner(System.in);
        System.out.println("Please enter your sentence:");
        String text=scan.nextLine();
        StringTokenizer st=new StringTokenizer(text);
        int i=0;
        System.out.println("This sentence has "+st.countTokens()+" words.");
        while(st.hasMoreTokens()) {
            i++;
            System.out.println("The "+i+" word is:"+st.nextToken());}
    }
}
```

程序运行结果如图8-9所示。

```
Please enter your sentence:
I am a student
This sentence has 4 words.
The 1 word is:I
The 2 word is:am
The 3 word is:a
The 4 word is:student
```

图8-9 例8-7运行结果

8.3.4 Scanner类

Scanner类是一个可以使用正则表达式来解析基本类型和字符串的简单文本扫描器，Scanner类最常见的应用场合是从键盘读取用户输入的各种数据。首先使用该类创建一个对象：

```
Scanner scan=new Scanner(System.in);
```

然后通过用nextByte()、nextShort()、nextInt()、nextlong()、nextFloat，nextDouble()、nextLine()等方法读取用户在控制台或命令行从键盘输入的数据。上述方法执行时都会造成堵塞，等待用户输入数据完毕后程序继续执行。

Scanner类还可以用于扫描输入文本。它是StringTokenizer和Matcher类之间的某种结合。它可以结合正则表达式从输入流中检索特定类型的数据，还可以任意地对字符串和基本类型（如int和double）的数据进行分析。

【例8-8】提取“牛奶18.5元，香蕉13.5元，酱油5.8元”中的价格，并计算价格之和。

```
import java.util.*;
public class Demo8_8 {
    public static void main(String[] args) {
        String cost="牛奶18.5元，香蕉13.5元，酱油5.8元";
        Scanner scan=new Scanner(cost);
        scan.useDelimiter("[^0123456789.]+");
        double sum=0;
```

```
        while(scan.hasNext()){
            try {
                double price=scan.nextDouble();
                sum+=price;
            }catch(InputMismatchException e) {
             System.out.println(scan.next());
            }
        }
        System.out.println("总价为: "+sum+"元。");
    }
}
```

程序运行结果如图8-10所示。

总价为：37.8元。

图 8-10　例 8-8 运行结果

本程序中用Scanner对象调用useDelimiter()方法将正则表达式作为分隔标记，即让Scanner对象在解析操作时，把与正则表达式匹配的字符序列作为分隔标记，本程序把除数字和小数点之外的所有字符都作为分隔标记。程序中用Scanner对象调用hasNext()方法来控制循环。对于被解析的字符序列中的数字型单词，例如18.5、13.5等，本程序用Scanner对象调用nextDouble()方法来将数字型单词转化为double数据返回。如果单词不是数字型单词，Scanner对象调用 nextDouble()方法将发生InputMismatchException异常，在处理异常时调用了next()方法返回非数字化单词。

8.3.5　Date类和Calendar类

Date类是Java最早提供的与时间有关的类。但是由于Date类不便于实现国际化，所以从JDK 1.1版本开始，推荐使用Calendar类进行时间和日期处理。

1. Date类

使用Date类的无参数构造方法创建的对象可以获取本机的当前日期和时间，例如：

```
Date nowTime=new Date();
```

那么，当前 nowTime对象的实体中含有的日期和时间就是创建 nowTime对象时本地计算机的日期和时间。例如，假设当前时间是2019年5月1日21:28:01(CST时区)，那么

```
System.out.println(nowTime):
```

输出结果是 Wed May 01 21:28:01 CST 2019，这里可以看出Date类重写了Object类的toString()方法，使得这条语句不是输出nowTime变量中存放的对象的引用，而是输出对象实体中的时间。

Date类还可以使用带参的构造方法，构造指定日期的Date类对象，Date类中年份的参数应该是实际需要代表的年份减去1900、实际需要代表的月份减去1以后的值。例如定义Date对象的语句如下：

```
Date date=new Date(2019-1900,9-1,1); System.out.println(date);
```

输出的结果如下：

```
Sun Sep 01 00: 00: 00 CST 2019
```

代表的日期就是2019年9月1日。

2. Calendar类

Calender类是一个抽象类，在实际使用时实现特定的子类的对象，使用Calendar类的getInstance()可以初始化一个日历对象，例如：

```
Calendar calendar=Calendar. getInstance();
```

然后，calendar对象可以调用方法：

```
public final  void set (int year, int month, int date)
public  final  void  set  (int year, int month, int date, int hour, int minute)
public  final  void  set  (int year, int month, int date, int hour, int
minute,second)
```

将日历翻到任何一个时间，当参数year取负数时表示公元前（实际世界中的公元前）。

Calendar对象调用方法 public int get(int field)可以获取有关年份、月份、小时、星期等信息，参数field的有效值由Calendar的静态常量指定，例如：

```
calendar.get(Calendar.MONTH);
```

返回一个整数，如果该整数是0表示当前日历是在一月，该整数是1表示当前日历是在二月等等。又如：

```
calendar.get (Calendar DAY_OF_WEEK);
```

返回一个整数，如果该整数是1表示星期日，该整数是2表示星期一，依此类推，该整数是7表示星期六。

Calendar对象调用 public long get TimeInMillis()可以返回当前 Calendar对象中时间的毫秒计时，如果运行Java程序的本地时区是北京时区，返回的这个毫秒数是当前Calendar对象中的时间与1970年01月01日08点的差值。

8.4 案例实现

1. 实现思路

（1）案例中，定义了一个CalendarBean类，在这个类中创建Calendar类的实例rili，将日历翻到某年某月的1号。

万年历

（2）调用rili. get(Calendar.DAY_OF_WEEK)方法得到1日这天是星期几，并计算这个月有多少天，例如大月是31天，小月是30天，2月份的话，如果这一年是闰年就是29天，否则就是28天。

（3）一个月的日历最多显示为6行7列，所以定义String类型的数组a长度为42。在1日对应的星期几前填空格，如1日是星期五，则把星期日到星期四都设置为空格；最后一天后填空格，如最后一天是星期四，则星期五、星期六填为空格。

2. 程序编码

```
//定义CalendarBean类：计算这个月有多少天，1日是星期几
import java.util.Calendar;
public class CalendarBean {
   String[] day;
   int year=0,month=0;
   public void setYear(int year) {
      this.year=year;
   }
   public void setMonth(int month) {
      this.month=month;
   }
   public String []getDay() {
      String []a=new String[42];
      Calendar rili=Calendar.getInstance();
      rili.set(year,month-1,1);
      int weekDay=rili.get(Calendar.DAY_OF_WEEK)-1;
      int days;
      if(month==1||month==3||month==5||month==7||month==8||month==10|
   |month==12)
         days=31;
      if(month==4||month==6||month==9||month==11)
         days=30;
      if(month==2) {
         if(((year%4==0)&&(year%100!=0))||(year%400==0))
            days=29;
         else
            days=28;
      }
     for(int i=0;i<weekDay;i++)
         a[i]=" ";
     for(int i=weekDay,n=1;i<weekDay+days;i++) {
         a[i]=String.valueOf(n) ;
         n++;
     }
     for(int i=weekDay+days;i<a.length;i++)
         a[i]=" ";
      return a;
   }
}
//主类，输入年份和月份，输出日历
import java.util.Scanner;
public class MainClass {
   public static void main(String args[]) {
      CalendarBean cb=new CalendarBean();
      Scanner scan=new Scanner(System.in);
      System.out.println("Please enter the year=");
```

```
        int year=scan.nextInt();
        System.out.println("Please enter the month(1-12)=");
        int month=scan.nextInt()%12;
        cb.setYear(year);
        cb.setMonth(month-1);
        String []day=cb.getDay();
        char []str="日一二三四五六".toCharArray();
        for(char c:str) {
            System.out.printf("%6c",c);
        }
        for(int i=0;i<a.length;i++) {
            if(i%7==0)
                System.out.println();
            System.out.printf("%4s",day[i]);
        }
    }
}
```

程序的运行结果如图8-11所示。

```
Please enter the year=
2020
Please enter the month(1-12)=
2
  日   一   二   三   四   五   六
                              1
   2   3   4   5   6   7   8
   9  10  11  12  13  14  15
  16  17  18  19  20  21  22
  23  24  25  26  27  28  29
```

图8-11 案例执行结果

运行程序时如果输入year=2020，month=2，则显示的是2020年2月的日历，因为2020年是闰年，所以2月有29天，其实显示完29日之后下面还有一行空格符号，因为一个月的日历最多可以显示为6行。

习 题

1. 选择题

（1）Java把String类定义为（ ）类，所以String类不可以有子类。

A. static　　B. private　　C. public　　D. final

（2）Java 中所有类的祖先类是（ ）。

A. java.lang.Object

B. java.lang.Class

C. java.applet.Applet

D. java.awt.Frame

（3）String s=new String(“hello”);

```
String t=new String("hello");
char c[ ] ={'h', 'e', 'l', 'l', 'o'};
```

下列（　　）返回true。

A. s.equals(t);　　B. t.equals(c);

C. s= =t;　　D. t== c;

（4）下面有关Scanner类描述错误的是（　　）。

A. Scanner类最常见的应用是从键盘读取用户输入的各种基本数据

B. Scanner类是一个可以使用正则表达式来解析基本类型和字符串的文本扫描器

C. 使用Scanner对象的next()方法可以接收用户键盘输入的一个整数

D. 使用Scanner对象的nextLine()方法可以接收用户键盘输入的一行字符串

（5）下面程序段是将日期设置为（　　）。

```
Calendar call=Calendar.getInstance();
call.set(Calendar.YEAR,2019);
call.set(Calendar.MONTH,9);
call.set(Calendar.DAY_OF_MONTH,1);
```

A. 2019年10月1日　　B. 2019年9月1日

C. 2018年10月1日　　D. 2020年9月1日

2. 思考题

（1）Java的字符串类型有哪些？它们各有什么特点？

（2）Java有哪些能进行字符串解析的工具类？

（3）Java有哪些表示日期和时间的类？

提 高 篇

第 9 章

“待办事项”案例界面开发——Swing 组件及事件处理

学习目标

- 了解Java图形界面应用程序开发。
- 掌握使用Swing进行图形化应用开发。
- 学会使用Swing组件和布局管理。
- 熟悉Swing事件处理机制。

9.1 案例描述

“待办事项”案例是为了管理将要办理和已经完成的各项工作任务，本章将利用Swing完成该案例应用的图形化界面程序开发。

9.2 如何使用 Eclipse 开发 Swing 程序

Swing是一个用于开发Java图形界面应用程序的开发工具包，它以抽象窗口工具包（AWT）为基础。Swing开发人员通过使用少量的代码，就可以利用Swing包中丰富、灵活的功能和模块化组件类来开发出令人满意的用户界面。下面通过一个小实例来讲述如何使用Eclipse开发出一个图形化界面程序。

（1）创建一个Java项目，并命名为swing1-1。

（2）在项目的src目录下创建一个类，命名为HelloWorld。

（3）通过Swing开发工具包来创建一个图形化应用。

【例9-1】开发一个图形化界面程序。

```
import javax.swing.JFrame;
import javax.swing.JPanel;
import javax.swing.JTextArea;
public class HelloWorld {
    public HelloWorld() {
        this.init();
    }
    public void init() {
        // 创建一个窗口
        JFrame frame = new JFrame("HelloWorld");
        // 设置窗口的大小和位置
        frame.setBounds(500, 300, 500, 500);
        // 设置窗口是否可见
        frame.setVisible(true);
        // 设置关闭方式
        frame.setDefaultCloseOperation(JFrame.EXIT_ON_CLOSE);
        // 创建一个组件显示面板
        JPanel panel = new JPanel();
        panel.setSize(500, 500);
        JTextArea textArea = new JTextArea("欢迎来到Swing的世界中！");
        panel.add(textArea);
        // 将panel添加进窗口当中
        frame.setContentPane(panel);
        }
    public static void main(String[] args) {
        new HelloWorld();
        }
}
```

（4）执行效果如图9-1所示。

图 9-1　Swing 图形化界面效果

至此，我们已经完成创建了一个简单的图形化界面程序，当然Swing的用处远不及此。接下来我们将通过进一步的学习，掌握使用Swing进行图形化应用程序的综合开发。

9.3 Java Swing 组件基础

Java Swing组件就是可以使用它来组成一个图形化界面，例如按钮、标签、表格以及框架等，通过这些组件来满足不同用户的需求。Java Swing组件是用来构成图形化界面的最基本的元素。

9.3.1 顶层容器——JFrame

基于Swing的图形界面至少要有一个顶层容器，容器与其所包含的组件形成了树状包含层次结构，顶层容器就是这个层次结构的根，并且顶层容器可以同时包含菜单组件和内容面板，其中内容面板用来包含界面中所使用的各种组件。

JFrame是主要的三种顶层容器（JFrame、JDialog、JApplet）之一，可以被认为是一个应用程序的窗口，窗口用于承载图形化应用程序的菜单和内容面板。

【例9-2】JFrame示例。

```
import javax.swing.JButton;
import javax.swing.JFrame;
import javax.swing.JPanel;
public class FrameDemo {
   public FrameDemo() {
         this.init();
   }
   public void init() {
       // 创建一个顶层容器
       JFrame frame=new JFrame("顶层容器测试程序");
       // 设置窗口的大小
       frame.setSize(300, 200);
       // 设置窗口的关闭方式
       frame.setDefaultCloseOperation(JFrame.EXIT_ON_CLOSE);
       // 创建一个内容面板用于承载Swing组件
       JPanel panel=new JPanel();
       // 创建两个组件
       JButton b1=new JButton("确定");
       JButton b2=new JButton("取消");
       // 将组件添加至内容面板中
       panel.add(b1);
       panel.add(b2);
       // 将内容面板添加至窗口中
       frame.setContentPane(panel);
       // 设置窗口的可见性
       frame.setVisible(true);
   }
   public static void main(String[] args) {
       new FrameDemo();
   }
}
```

程序运行结果如图9-2所示。

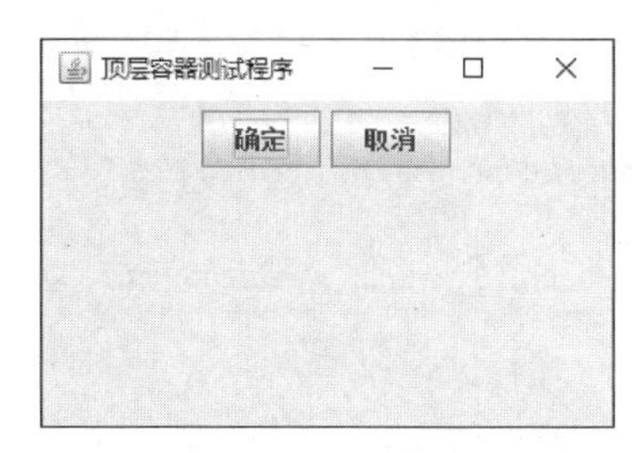

图 9-2　JFrame

本程序讲述了如何使用顶层容器——JFrame以及如何将组件添加到应用程序中。

9.3.2　Swing组件——JButton

普通按钮是使用次数最多的组件之一，例如信息填写完毕之后的提交、删除某条信息等。要使用它就必须创建一个按钮对象，再通过按钮类中定义的方法来操作该对象。

普通按钮常用的构造器：

- JButton()：创建不带设置文本或图标的按钮。
- JButton(Icon icon)：创建一个带图标的按钮。
- JButton(String text)：创建一个带有文字的按钮。
- JButton(String text,Icon icon)：创建一个既有图标又有文字的按钮。

普通按钮的常用方法：

- public String getText()：获取按钮上的文本。
- public void setText(String text)：设置按钮上的文本。
- public void setEnable(Boolean flag)：启用或禁用按钮。
- public void setVisible(Boolean flag)：按钮是否可见。

接下来将通过一个程序来介绍如何使用一个按钮。

【例9-3】一个能触发单击事件的按钮。

```
import java.awt.event.ActionEvent;
import java.awt.event.ActionListener;
import javax.swing.JButton;
import javax.swing.JFrame;
import javax.swing.JOptionPane;
import javax.swing.JPanel;
public class ButtonDemo {
   public ButtonDemo() {
       this.init();
       }
   public void init() {
       JFrame frame=new JFrame("Button测试程序");
       frame.setDefaultCloseOperation(JFrame.EXIT_ON_CLOSE);
       frame.setSize(300, 200);
       JPanel panel=new JPanel();
```

```
        JButton button=new JButton("请点击我! ");
        panel.add(button);
        frame.setContentPane(panel);
        frame.setVisible(true);
    button.addActionListener(new ButtonClickListner(frame));
        }
    public static void main(String[] args) {
        new ButtonDemo();
        }
    class ButtonClickListner implements ActionListener {
        private JFrame frame;
        public ButtonClickListner(JFrame frame) {
            this.frame = frame;
            }
        @Override
        public void actionPerformed(ActionEvent e) {
           JOptionPane.showMessageDialog(frame, "触发了Button的点击事件",
"消息标题", JOptionPane.INFORMATION_MESSAGE);
        }
    }
}
```

程序运行结果如图9-3和图9-4所示。

图 9-3　按钮测试

图 9-4　按钮点击效果

9.3.3　Swing组件——JRadioButton

单选按钮使用场景也较多，例如在选择性别时，通过选择不同的单选按钮来实现不同性别的选择。要使用单选按钮，首先必须创建它，再通过内置的方法来操作组件。

单选按钮的构造器：

- JRadioButton()：创建一个未设置文本未选择的单选按钮。
- JRadioButton(Icon icon)：创建一个有图标但无文本且未被选择的单选按钮。
- JRadioButton(Icon icon,Boolean selected)：创建一个有图标和选择状态的单选按钮。
- JRadioButton(String text)：创建一个具有指定文本但未被选择的单选按钮。
- JRadioButton(String text,Boolean selected)：创建一个具有指定文本和选择状态的单选按钮。
- JRadioButton(String text,Icon icon)：创建一个具有文本和图标的单选按钮但是无选择状态。

- JRadioButton(String text,Icon icon,Boolean selected)：创建一个既有文本和图标，又有选择状态的单选按钮。

【例9-4】单选按钮示例。

```
import java.awt.event.ActionEvent;
import java.awt.event.ActionListener;
import javax.swing.ButtonGroup;
import javax.swing.JFrame;
import javax.swing.JOptionPane;
import javax.swing.JPanel;
import javax.swing.JRadioButton;
public class RadioButtonDemo {
    public RadioButtonDemo() {
        this.init();
    }
    public void init() {
        JFrame frame=new JFrame("单选按钮测试程序");
        frame.setDefaultCloseOperation(
        JFrame.EXIT_ON_CLOSE);
        frame.setSize(300, 200);
        JPanel panel=new JPanel();
        ButtonGroup bg=new ButtonGroup();
        JRadioButton j1=new JRadioButton("男");
        JRadioButton j2=new JRadioButton("女");
        bg.add(j1);
        bg.add(j2);
        panel.add(j1);
        panel.add(j2);
        frame.add(panel);
        frame.setVisible(true);
        j1.addActionListener(new RadioButtonListener(frame));
        j2.addActionListener(new RadioButtonListener(frame));
        }
    private class RadioButtonListener implements ActionListener {
        private JFrame frame;
        public RadioButtonListener(JFrame frame) {
            this.frame=frame;
        }
        @Override
        public void actionPerformed(ActionEvent e) {
          JRadioButton temp = (JRadioButton) e.getSource();
            if (temp.getText().equals("男")) {
                JOptionPane.showMessageDialog(frame, "您选择了男！",
                                                                "消息标题",
                JOptionPane.INFORMATION_MESSAGE);
            } else {
                JOptionPane.showMessageDialog(frame, "您选择了女！",
                "消息标题", JOptionPane.INFORMATION_MESSAGE);
            }
```

```
        }
    }
    public static void main(String[] args) {
        new RadioButtonDemo();
    }
}
```

程序运行结果如图9-5和图9-6所示。

图 9-5　单选按钮

图 9-6　单选按钮选择效果

9.3.4　Swing组件——复选框

复选框和单选按钮之间的区别就是复选框可以多选，单选按钮只能选择一组按钮中的一个。

复选框的构造器：

- JCheckbox()：创建一个初始化未选择的复选框，其文本未设定。
- JCheckbox(Icon icon)：创建一个未选择但带有图标的复选框，文本未设定。
- JCheckbox(Icon icon , Boolean selected)：创建一个有图标和带有选择状态的复选框，但没有设定文本。
- JCheckbox(String text)：创建一个具有指定文本但未选择的复选框。
- JCheckbox(String text,Boolean selected)：创建一个具有指定文本和带有选择状态的复选框。
- JCheckbox(String text,Icon icon)：创建一个带有文本和图标的复选框。
- JCheckbox(String text,Icon icon,Boolean selected)：创建一个具有指定文本、图标和选择状态的复选框。

【例9-5】复选框示例。

```
import java.awt.event.ActionEvent;
import java.awt.event.ActionListener;
import javax.swing.JCheckBox;
import javax.swing.JFrame;
import javax.swing.JOptionPane;
import javax.swing.JPanel;
public class CheckBoxDemo {
    public CheckBoxDemo() {
        this.init();
    }
    public void init() {
```

```
        JFrame frame=new JFrame("复选框测试程序");
        frame.setSize(300, 200);
        frame.setDefaultCloseOperation(
        JFrame.EXIT_ON_CLOSE);
        JPanel panel=new JPanel();
        JCheckBox cb1=new JCheckBox("苹果");
        JCheckBox cb2=new JCheckBox("香蕉");
        JCheckBox cb3=new JCheckBox("橘子");
        panel.add(cb1);
        panel.add(cb2);
        panel.add(cb3);
        frame.add(panel);
        frame.setVisible(true);
        cb1.addActionListener(new MyActionListener(frame));
        cb2.addActionListener(new MyActionListener(frame));
        cb3.addActionListener(new MyActionListener(frame));
    }
    private class MyActionListener implements ActionListener {
        JFrame frame;
        public MyActionListener(JFrame frame) {
            this.frame=frame;
        }
        @Override
        public void actionPerformed(ActionEvent e) {
            JCheckBox cb=(JCheckBox) e.getSource();
            JOptionPane.showMessageDialog(frame, "您选择了" + cb.getText()+
                        "!", "消息标题", JOptionPane.INFORMATION_MESSAGE);
        }
    }
    public static void main(String[] args) {
        new CheckBoxDemo();
    }
}
```

程序运行结果如图9-7和图9-8所示。

图 9-7 复选框

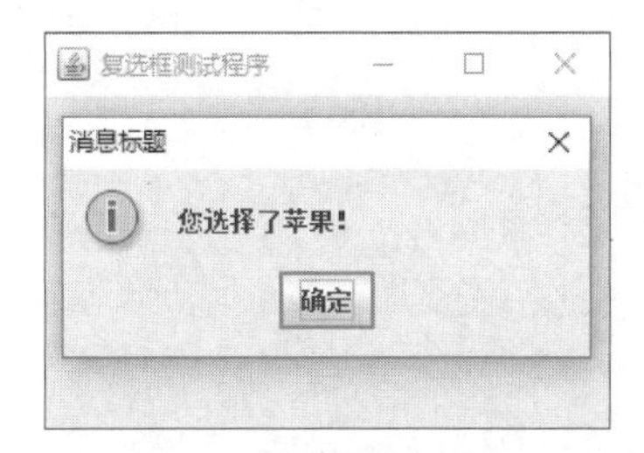

图 9-8 复选框选择效果

9.3.5 Swing组件——下拉列表框

下拉列表框是Swing中的常用组件之一，通过将列表中的选项隐藏在下拉框中实现。下面将给出下拉列表框的构造器：

- JComboBox()：建立一个新的JComboBox组件。
- JComboBox(ComoBoxModel dataModel)：利用ComboBoxModel建立一个新的JComboBox组件。
- JComboBox(Object[] ComboBoxData)：利用一个数组建立一个JComboBox组件。
- JComboBox(Vector listData)：利用一个Vector对象建立一个JComboBox组件。

【例9-6】下拉列表框示例。

```
public class ComboBoxDemo {
    String[] fontSizeList={ "21", "22", "23" };
    Vector vector=null;
    public ComboBoxDemo() {
        this.init();
    }
    public void init() {
        JFrame frame=new JFrame("下拉列表框测试程序");
        frame.setSize(300, 200);
        frame.setDefaultCloseOperation(JFrame.EXIT_ON_CLOSE);
        Container panel=frame.getContentPane();
        panel.setLayout(new GridLayout(2, 1));
        JComboBox fontSize=new JComboBox(fontSizeList);
        fontSize.setBorder(BorderFactory.createTitledBorder("请选择字体的大小"));
        panel.add(fontSize);
        vector=new Vector();
        vector.addElement("香蕉");
        vector.addElement("苹果");
        vector.addElement("橘子");
        JComboBox fruit = new JComboBox(vector);
        fruit.setBorder(BorderFactory.createTitledBorder("请选择水果的种类"));
        panel.add(fruit);
        frame.setVisible(true);
        fruit.addItemListener(new ItemEventHanlder(frame));
    }
    class ItemEventHanlder implements ItemListener {
        JFrame frame;
        public ItemEventHanlder(JFrame frame) {
            this.frame=frame;
        }
        @Override
        public void itemStateChanged(ItemEvent e) {
            if (e.getStateChange()==ItemEvent.SELECTED) {
                JOptionPane.showMessageDialog(frame, String.valueOf(e.
                getItem()), "你选择了水果",JOptionPane.INFORMATION_MESSAGE);
            }
        }
    }
    public static void main(String[] args) {
        new ComboBoxDemo();
    }
}
```

程序运行结果如图9-9所示。

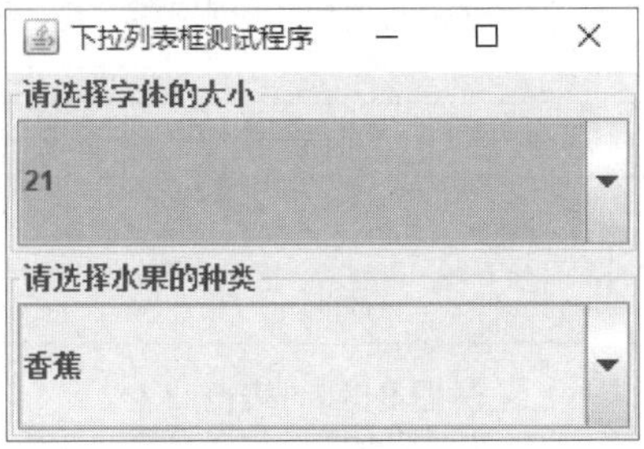

图 9-9　下拉列表框

9.3.6 Swing组件——表格

表格是用来展示数据的主要方式，在大多数的场景中都需要将数据以表格的形式展现给用户。在Swing图形界面的开发中，可以使用JTable类来创建表格。表格的使用手段非常多，这里只简单的讲述如何创建一个表格，如果想了解表格的更多使用方式，请自行查看相关资料。

【例9-7】表格组件示例。

```
public class TableDemo {
   public TableDemo() {
       this.init();
   }
   public void init() {
       JFrame frame=new JFrame("表格组件测试程序");
       frame.setSize(500, 200);
       frame.setDefaultCloseOperation(JFrame.EXIT_ON_CLOSE);
       String[] head={ "姓名", "语文", "数学", "英语" };
       Object[][] studentInfo={ { "张三", 82, 77, 88 }, { "李四", 99,
                  65, 77 },{"王二", 89, 43, 23 },{ "孙一", 99, 99, 99 } };
       JTable table=new JTable(studentInfo, head);
       JPanel panel=new JPanel();
       JScrollPane scrollPane=new JScrollPane(table);
       panel.setLayout(new BorderLayout());
       panel.add(scrollPane, BorderLayout.CENTER);
       frame.setContentPane(panel);
       frame.setVisible(true);
   }
       public static void main(String[] args) {
       new TableDemo();
       }
}
```

程序运行结果如图9-10所示。

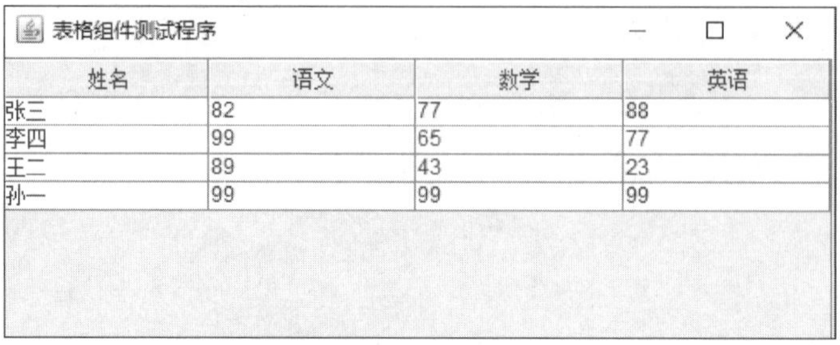

表格组件测试程序

姓名	语文	数学	英语
张三	82	77	88
李四	99	65	77
王二	89	43	23
孙一	99	99	99

图 9-10 表格

表格的使用方式不止这么简单，表格还可以设置它的列宽、创建表格模型、监听数据的变化、表格的选择器。

9.4 布局管理器组件

前面我们对几个按钮型组件进行了具体的讲述。但是前面的示例中，添加的组件都位于面板组件的中间位置。如果这些组件要添加到面板组件的特定位置，就需要使用Swing的布局管理器来管理。常用的布局管理器有BorderLayout、FlowLayout、GridLayout、GridBagLayout、BoxLayout、SpringLayout、GroupLayout等。

9.4.1 布局管理器概述

Swing的布局管理器可以使开发者将组件按照自己的意愿进行排列。在Swing中只能通过代码来规范每个控件在面板中的位置。各个布局管理器的作用如表9-1所示。

表 9-1 布局管理器的作用

种 类	说 明
BorderLayout	它将容器分割为五个部分：东、南、西、北、中，每个区域可以容纳一个组件，使用的时候可以通过 BorderLayout 中的五个方位常量来确定组件所在的位置
FlowLayout	按照先后顺序将组件从左到右进行排列，当一行排满了再换行，从左右到右继续排列。每一行的组件都是居中排列
GridLayout	它将整个面板划分为 $n \times n$ 的网格区域。组件就位于其中的单元格中
GridBagLayout	通过网格进行划分，每个组都占据一个网格，也可以一个组件占据多个网格。类似于 GridLayout，但比它复杂得多
BoxLayout	它允许在面板中以水平或者垂直的方式安排多个组件
SpringLayout	定义组件边沿的关系来实现布局
GroupLayout	指定在一个窗体上组件彼此之间的关系

以上几个组件各有各的功能和应用场景，我们需要用它们来满足不同的需求，接下来将具体的介绍上述几个主要组件。

9.4.2 BorderLayout布局管理器

BorderLayout是一种简单的布局策略，在使用这种方式进行布局时，会将窗口划分为东、南、西、北、中五块区域，每一块区域可放置一个组件。

BorderLayout布局管理器有如下几个构造器：

- BorderLayout()：构造一个组件之间没有间距的新边框布局。
- BorderLayout(int h,int v)：构造一个具有指定组件间距的边框布局。

【例9-8】BorderLayout布局示例。

```
public class BorderLayoutTest {
    public BorderLayoutTest() {
        this.init();
    }
    public void init() {
    JFrame frame=new JFrame("BorderLayout布局管理器测试程序");
        frame.setSize(300,200);
        frame.setDefaultCloseOperation(JFrame.EXIT_ON_CLOSE);
        JPanel panel=new JPanel();
        frame.setContentPane(panel);
        JButton btn1=new JButton("Java");
        JButton btn2=new JButton("JavaScript");
        JButton btn3=new JButton("C++");
        JButton btn4=new JButton("HTML");
        JButton btn5=new JButton("CSS");
        panel.setLayout(new BorderLayout());
        panel.add(btn1, BorderLayout.NORTH);
        panel.add(btn2, BorderLayout.SOUTH);
        panel.add(btn3, BorderLayout.EAST);
        panel.add(btn4, BorderLayout.WEST);
        panel.add(btn5, BorderLayout.CENTER);
        frame.setVisible(true);
    }
    public static void main(String[] args) {
        new BorderLayoutTest();
    }
}
```

程序运行结果如图9-11所示。

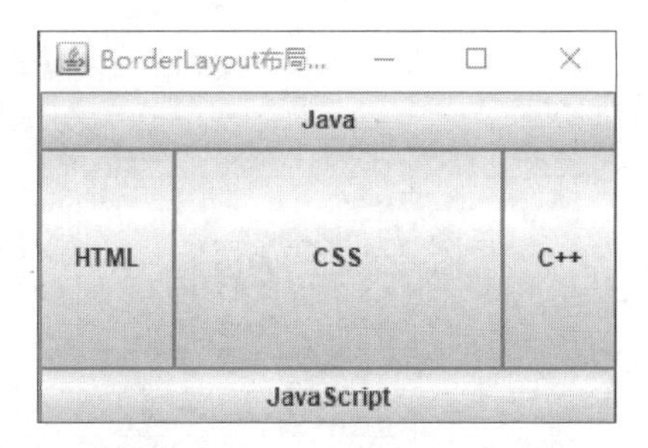

图 9-11　BorderLayout 布局

9.4.3 FlowLayout布局管理器

FlowLayout同样也是一种较为简单的布局管理器，它将组件从左到右进行排列，当一行排满了就换行，然后继续按照从左到右的顺序继续排列。每一行的组件都是居中排列的。

FlowLayout有如下几个构造器：

- FlowLayout()：构造一个FlowLayout对象，它是居中对齐的，默认的水平和垂直间隙是5个单位。
- FlowLayout(int align)：构造一个FlowLayout对象，默认的水平和垂直间隙是5个单位。
- FlowLayout(int align,int h,int v)：创建一个FlowLayout对象，指定对齐方式以及指定水平和垂直间隙。

【例9-9】FlowLayout布局示例。

```
public class FlowLayoutTest {
    public static void main(String[] args) {
        new FlowLayoutTest();
    }
    public FlowLayoutTest() {
        this.init();
    }
    public void init() {
        JFrame frame=new JFrame("流布局管理器测试程序");
        frame.setSize(300, 200);
        frame.setDefaultCloseOperation(JFrame.EXIT_ON_CLOSE);
        JPanel panel=new JPanel();
        panel.setLayout(new FlowLayout());
        frame.setContentPane(panel);
        JButton btn1=new JButton("软件工程");
        JButton btn2=new JButton("计算机技术");
        JButton btn3=new JButton("计算机科学");
        JButton btn4=new JButton("电子通信");
        JButton btn5=new JButton("信息管理");
        panel.add(btn1);
        panel.add(btn2);
        panel.add(btn3);
        panel.add(btn4);
        panel.add(btn5);
        frame.setVisible(true);
        }
}
```

程序运行结果如图9-12所示。

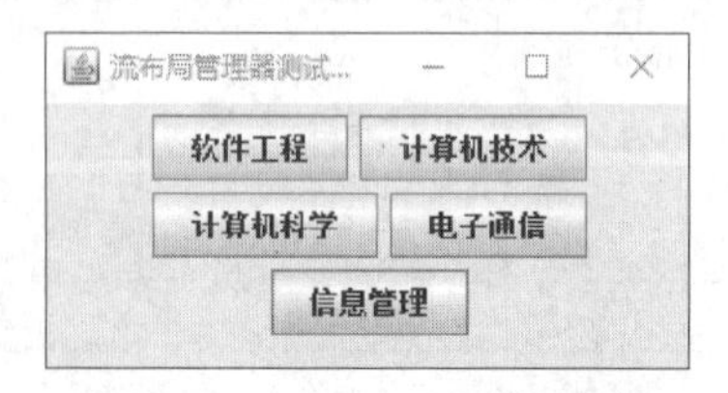

图 9-12　FlowLayout 布局

9.4.4 GridLayout布局管理器

GridLayout布局类似于围棋的棋盘，将整个空间划分为$n \times n$的网格区域。一个单元格内就放置一个组件。要想使用GridLayout就必须通过它的构造器来创建一个GridLayout对象。

接下来介绍GridLayout的构造器：

- GridLayout()：构造一个组件之间没有间距的新边框布局。
- GridLayout(int m,int n)：构造一个具有指定间距的边框布局，m、n分别是行数和列数。

【例9-10】GridLayout布局示例。

```
public class GridLayoutTest {
    public static void main(String[] args) {
        new GridLayoutTest();
    }
    public GridLayoutTest() {
        this.init();
    }
    public void init() {
        JFrame frame=new JFrame("网格布局测试程序");
        frame.setSize(300, 200);
        frame.setDefaultCloseOperation(JFrame.EXIT_ON_CLOSE);
        JPanel panel=new JPanel();
        panel.setLayout(new GridLayout(3, 2));
        JButton btn1=new JButton("鼠标");
        JButton btn2=new JButton("键盘");
        JButton btn3=new JButton("显示器");
        JButton btn4=new JButton("内存条");
        JButton btn5=new JButton("硬盘");
        JButton btn6=new JButton("散热器");
        panel.add(btn1);
        panel.add(btn2);
        panel.add(btn3);
        panel.add(btn4);
        panel.add(btn5);
        panel.add(btn6);
        frame.setContentPane(panel);
        frame.setVisible(true);
    }
}
```

程序运行结果如图9-13所示。

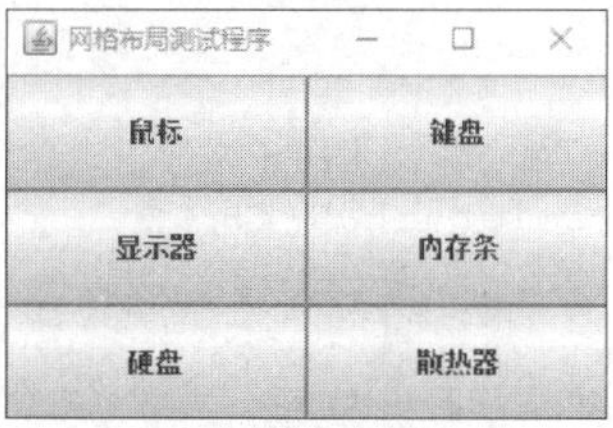

图 9-13　GridLayout 布局

9.4.5 CardLayout布局管理器

CardLayout布局管理器同样是一种简单的布局管理器，它将容器中的每一个组件当作一个卡片，一次仅有一张卡片可见。下面介绍CardLayout布局管理器的构造器：

- CardLayout()：创建一个间距大小为0的新卡片布局。
- CardLayout(int hgap,int vgap)：创建一个新卡片布局管理器，其中，hgap和vgap分别为卡片间水平和垂直方向上的空白空间。

CardLayout布局管理器有一些常用方法非常重要，例如：

- first(Container parent)：移动指定容器的第一个卡片。
- next(Container parent)：移动指定容器的下一个卡片。
- previous(Container parent)：移动指定容器的前一个卡片。
- last(Container parent)：移动指定容器的最后一个卡片。
- show(Container parent,String name)：显示指定的卡片。

【例9-11】CardLayout布局示例。

```
public class CardLayoutTest {
   private JPanel panel=null;
   private JPanel btnPanel=null;
   private CardLayout card=null;
   private JButton btnNext=null;
   private JButton btnPrevious=null;
   private JButton btn1=null, btn2=null, btn3=null;
   private JPanel p1=null, p2=null, p3=null;
   public static void main(String[] args) {
        new CardLayoutTest();
        }
   public CardLayoutTest() {
        this.init();
        }
   public void init() {
        JFrame frame=new JFrame("卡片布局测试程序");
        frame.setSize(350, 200);
        frame.setDefaultCloseOperation(JFrame.EXIT_ON_CLOSE);
        frame.getContentPane().setLayout(new BorderLayout());
        card=new CardLayout(5, 5);
        panel=new JPanel();
        panel.setLayout(card);
        p1=new JPanel();
        p2=new JPanel();
        p3=new JPanel();
        p1.setBackground(Color.RED);
        p2.setBackground(Color.BLUE);
        p3.setBackground(Color.GREEN);
        p1.add(new Label("一号面板"));
        p2.add(new Label("二号面板"));
        p3.add(new Label("三号面板"));
```

```
        panel.add(p1,"p1");
        panel.add(p2,"p2");
        panel.add(p3,"p3");
        btnPanel=new JPanel();
        frame.getContentPane().add(panel);
        btnNext=new JButton("下一个");
        btnPrevious=new JButton("上一个");
        btn1=new JButton("1");
        btn2=new JButton("2");
        btn3=new JButton("3");
        btnPanel.add(btnPrevious);
        btnPanel.add(btn1);
        btnPanel.add(btn2);
        btnPanel.add(btn3);
        btnPanel.add(btnNext);
        frame.getContentPane().add(btnPanel, BorderLayout.SOUTH);
        frame.setVisible(true);
        btnNext.addActionListener(new ActionListener() {
            @Override
            public void actionPerformed(ActionEvent e) {
                card.next(panel);
            }
        });
        btnPrevious.addActionListener(new ActionListener() {
            @Override
            public void actionPerformed(ActionEvent e) {
                card.previous(panel);
            }
        });
        btn1.addActionListener(new ActionListener() {
            @Override
            public void actionPerformed(ActionEvent e) {
                card.show(panel,"p1");
            }
        });
        btn2.addActionListener(new ActionListener() {
            @Override
            public void actionPerformed(ActionEvent e) {
                    card.show(panel,"p2");
            }
        });
        btn3.addActionListener(new ActionListener() {
            @Override
            public void actionPerformed(ActionEvent e) {
                 card.show(panel, "p3");
            }
        });
    }
}
```

程序运行结果如图9-14所示。

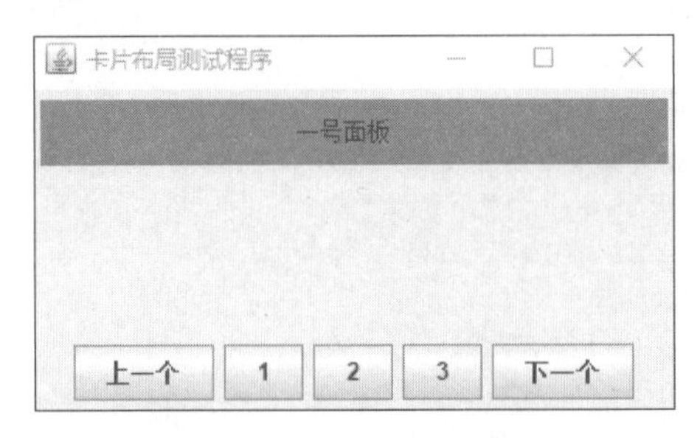

图 9-14　CardLayout 布局

9.5 Swing 事件处理机制

什么是事件处理？通俗地说就是处理用户所进行的操作。例如敲键盘、单击鼠标、双击鼠标、文本输入等。当这些事件发生的时候我们需要对这些事件进行处理，将结果响应给用户。

9.5.1　Swing事件处理机制概述

改变对象的状态被称为事件，即事件描述源的状态变化。事件产生用户与图形用户界面组件交互的结果。例如，单击一个按钮、移动鼠标、通过键盘输入一个字符、从列表中选择一个项目、滚动页面都是导致一个事件发生的活动。

事件处理是一种机制，如果一个事件发生时，它控制该事件，并且决定应该会发生什么。这种机制具有被称为事件处理程序的代码，当一个事件发生时，它是可执行的。Java 使用代理事件模型来处理事件。该模型定义了标准的机制来生成和处理事件。下面来简要介绍这个模型。

代理事件模型具有下列主要参与者，即：

（1）源——源是一个对象，事件发生在该对象上例如JButton就是一个事件源。源负责提供发生事件的信息给它的处理器。Java 提供源对象的类。

（2）监听器——它也作为事件处理。监听器负责产生对一个事件的响应。从 Java 实现的角度来看，监听器也是一个对象，监听器等待，直到它接收到一个事件。一旦收到该事件，监听器进程的事件就返回。

这种方法的好处是，用户界面逻辑完全从生成事件的逻辑中分开。用户界面元素能够把事件的处理委派给一段单独的代码。在这个模型中，监听器需要用源对象注册，以便监听器能够接收事件通知。这是一个有效的处理事件的方式，因为这些事件通知只发送给那些想要接收它们的监听器。

9.5.2　Swing中的监听器

事件监听器的种类很多，每种事件对应着不同的事件监听器。Swing所支持的事件监听器分别有：焦点监听器、键盘监听器、鼠标监听器、鼠标移动监听器、鼠标滑轮监听器、属性变化监听器等。

那么如何针对事件进行处理呢？主要有三个步骤：

（1）实现事件监听接口类。

（2）使用实现的事件监听接口类创建事件监听器。

（3）给事件源注册监听器对象。

【例9-12】按钮事件示例。

```
public class DealEventDemo {
    private JTextField textField;
    public static void main(String[] args) {
        new DealEventDemo();
    }
    public DealEventDemo() {
        this.init();
    }
    public void init() {
        JFrame frame=new JFrame("事件处理测试程序");
        frame.setDefaultCloseOperation(JFrame.EXIT_ON_CLOSE);
        frame.setSize(300, 200);
        JPanel panel=new JPanel();
        panel.setLayout(new BorderLayout());
        textField=new JTextField();
        panel.add(textField, BorderLayout.NORTH);
        JButton button=new JButton("清空文本框");
        panel.add(button, BorderLayout.SOUTH);
        frame.setContentPane(panel);
        frame.setVisible(true);
        button.addActionListener(new MyActionListener());
    }
    class MyActionListener implements ActionListener {
        @Override
        public void actionPerformed(ActionEvent e) {
            DealEventDemo.this.textField.setText("");
        } }
}
```

程序运行结果如图9-15和图9-16所示。

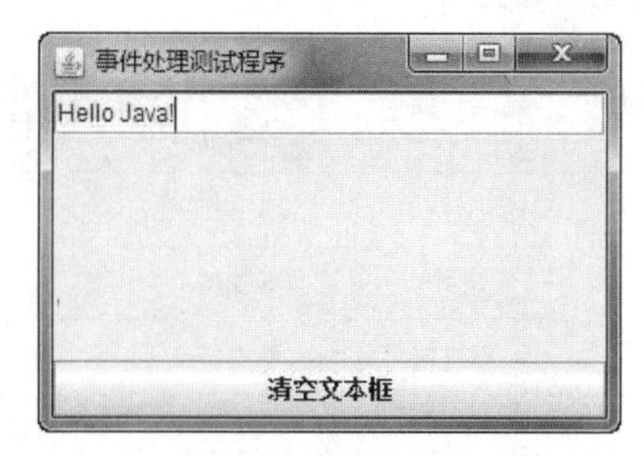

图 9-15　事件处理测试图

图 9-16　事件处理运行结果

9.5.3 匿名类方式处理事件

在有些需求中我们可能需要为多个组件添加事件监听器，通过上一节的方式来创建监听器代码量较多，不便于维护。

【例9-13】使用匿名类实现监听器示例。

```
public class AnonymityDealEventDemo {
    public static void main(String[] args) {
        new AnonymityDealEventDemo();
    }
    public AnonymityDealEventDemo() {
        this.init();
    }
    public void init() {
        JFrame frame=new JFrame("事件处理测试程序");
        frame.setDefaultCloseOperation(JFrame.EXIT_ON_CLOSE);
        frame.setSize(300, 200);
        JPanel panel=new JPanel();
        panel.setLayout(new BorderLayout());
        JTextField textField=new JTextField();
        panel.add(textField, BorderLayout.NORTH);
        JButton button=new JButton("清空文本框");
        panel.add(button, BorderLayout.SOUTH);
        frame.setContentPane(panel);
        frame.setVisible(true);
        button.addActionListener(new ActionListener() {
            @Override
            public void actionPerformed(ActionEvent e) {
                textField.setText("");
            }
        });
    }
}
```

本程序是使用匿名类的方式使用按钮事件的监听器，运行结果也如图9-15和图9-16所示。

9.5.4 Swing所支持的事件监听器

在Swing中不是每种组件都支持所有的监听器，一种组件可能只支持几种监听器，常用组件所支持的监听器类型如表9-2所示。

表 9-2 常用组件所支持的监听器类型

组件 \ 监听器	动作监听器	光标监听器	变化监听器	文档可撤销编辑监听器	Item 监听器	列表选择监听器	窗口监听器
按钮	支持	不支持	支持	不支持	支持	不支持	不支持
复选框	支持	不支持	支持	不支持	支持	不支持	不支持
颜色选择对话框	不支持	不支持	支持	不支持	不支持	不支持	不支持
组合框	支持	不支持	不支持	不支持	支持	不支持	不支持

续表

组件 \ 监听器	动作监听器	光标监听器	变化监听器	文档可撤销编辑监听器	Item 监听器	列表选择监听器	窗口监听器
对话框	不支持	不支持	不支持	不支持	不支持	不支持	支持
编辑器窗格	不支持	支持	不支持	支持	不支持	不支持	不支持
文件选择对话框	支持	不支持	不支持	不支持	不支持	不支持	不支持
格式化文本框	支持	支持	不支持	支持	不支持	不支持	不支持
窗口类	不支持	不支持	不支持	不支持	不支持	不支持	支持

9.5.5 窗口事件的处理

窗口事件只针对在窗口对象上发生的事情，在用户打开、关闭、最小化、最大化窗口时发生，处理窗口的事件接口是WindowListener接口，窗口监听器的所有方法如下：

- public void windowActivated(WindowEvent e)：窗口被激活时调用的方法。
- public void windowClosed(WindowEvent e)：窗口被关闭时调用的方法。
- public void windowDeactivated(WindowEvent e)：窗口失去活性时调用的方法。
- public void windowIconified(WindowEvent e)：窗口被最小化时调用的方法 。
- public void windowDeiconified(WindowEvent e)：窗口最小化还原时调用的方法。
- public void windowOpened(WindowEvent e)：窗口被打开时调用的方法。

【例9-14】窗口事件示例。

```
public class WindowEventDemo {
    public WindowEventDemo() {
        this.init();
    }
    public void init() {
        JFrame frame=new JFrame("窗口事件处理测试程序");
        frame.setSize(300, 200);
        frame.setVisible(true);
        frame.addWindowListener(new windowHandler(frame));
    }
    class windowHandler implements WindowListener {
        JFrame frame;
        public windowHandler(JFrame frame) {
            this.frame=frame;
        }
        public void windowActivated(WindowEvent e) {}
        public void windowOpened(WindowEvent e) {}
        public void windowClosing(WindowEvent e) {
            JButton b1=new JButton("确定");
            JButton b2=new JButton("取消");
            JLabel l=new JLabel("你确定关闭窗口吗? ");
            JDialog d=new JDialog(frame, "系统提示! ", true);
            d.setSize(200,100);
```

```
        d.setLocation(0, 0);
        JPanel panel=new JPanel();
        panel.setLayout(new GridLayout(1, 2));
        d.add(panel, BorderLayout.SOUTH);
        d.add(l, BorderLayout.CENTER);
        panel.add(b1);
        panel.add(b2);
        d.setVisible(true);
        b1.setVisible(true);
        b2.setVisible(true);
        l.setVisible(true);
    }
  public void windowClosed(WindowEvent e) {}
  public void windowIconified(WindowEvent e) {}
  public void windowDeiconified(WindowEvent e) {}
  public void windowDeactivated(WindowEvent e) {}
  }
  public static void main(String[] args) {
     new WindowEventDemo();
  }
}
```

程序运行结果如图9-17所示。

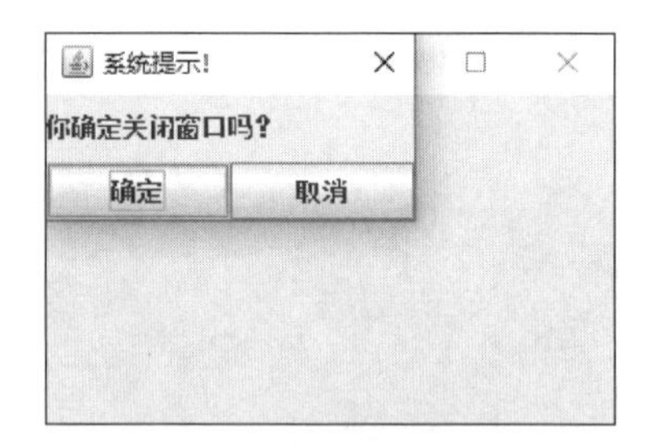

图 9-17　窗口事件处理

9.5.6　动作事件的处理

动作事件主要针对组件，例如单击按钮、选择菜单、在文本框中输入字符串并且按Enter键，这些都属于动作事件。动作事件的接口是ActionListener接口。只要实现了ActionListener接口就相当于是处理了动作事件。

【例9-15】动作事件示例。

```
public class ActionEventDemo {
  public ActionEventDemo() {
      this.init();
  }
  public void init() {
      JFrame frame=new JFrame("动作事件处理测试程序");
      frame.setSize(300, 200);
      frame.setDefaultCloseOperation(JFrame.EXIT_ON_CLOSE);
      JButton button=new JButton("点击我");
```

```
        frame.getContentPane().add(button);
        button.addActionListener(new ActionListener() {
            @Override
            public void actionPerformed(ActionEvent e) {
                JButton b=(JButton) e.getSource();
                switch (b.getText()) {
                case "点击我":
                    b.setText("再点我一次");
                    break;
                case "再点我一次":
                    b.setText("点击我");
                    break;
                }
            }
        });
        frame.setVisible(true);
    }
    public static void main(String[] args) {
        new ActionEventDemo();
    }
}
```

程序运行结果如图9-18所示。

图 9-18　动作事件处理

9.5.7　焦点事件的处理

一个用户界面中会有很多的组件，但用户每次只能操作一个组件，换句话说，焦点只会停留在一个组件上。基本上所有的组件都具有焦点事件。

焦点事件的接口为FocusListener，接口中定义了如下两个方法：

- public void focusGained(FocusEvent e)：组件获得焦点后被调用的方法。
- public void focusLost(FocusEvent e)：组件失去焦点后被调用的方法。

【例9-16】焦点事件示例。

```
public class FocusEventDemo {
    public FocusEventDemo() {
        this.init();
    }
    public void init() {
        JFrame frame=new JFrame("焦点事件处理测试程序");
```

```
        frame.setSize(300, 200);
        frame.setDefaultCloseOperation(JFrame.EXIT_ON_CLOSE);
        JTextField textField=new JTextField();
        JButton button=new JButton("确定");
        frame.getContentPane().setLayout(new BorderLayout());
        frame.getContentPane().add(textField, BorderLayout.CENTER);
        frame.getContentPane().add(button, BorderLayout.SOUTH);
        textField.addFocusListener(new FocusEventHandler());
        frame.setVisible(true);
    }
    class FocusEventHandler implements FocusListener {
    @Override
        public void focusGained(FocusEvent e) {
            JTextField textField=(JTextField) e.getSource();
            textField.setText("获得了焦点");
        }
        @Override
        public void focusLost(FocusEvent e) {
            JTextField textField=(JTextField) e.getSource();
            textField.setText("失去了焦点");
        }
    }
    public static void main(String[] args) {
        new FocusEventDemo();
    }
}
```

程序运行结果如图9-19所示。

待办事项界面设计

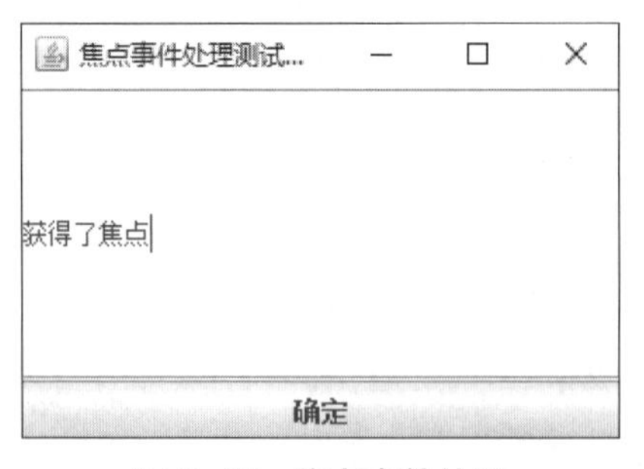

图 9-19　焦点事件处理

9.6 待办事项案例的窗口和事件实现

1．实现思路

（1）WindowsLogin类是待办事项管理系统的登录窗口，单击“登录”按钮，切换到主窗口，单击“注册”按钮，切换到注册窗口。“待办事项”登录界面如图9-20所示。

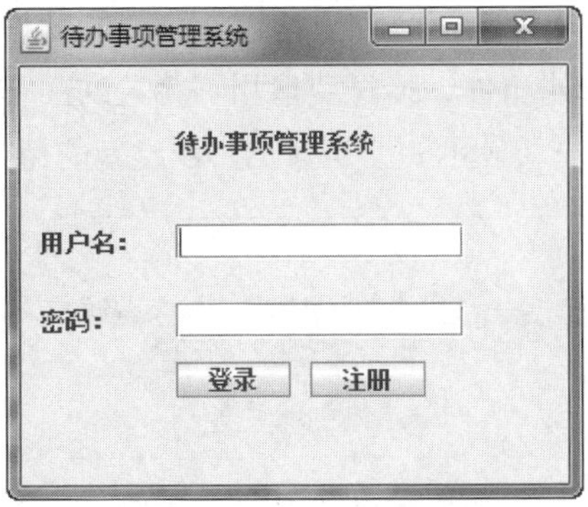

图 9-20 "待办事项"登录界面

（2）WindowsRegister类是待办事项管理系统的注册窗口，单击"注册"按钮，注册成功后回到登录窗口。"待办事项"注册界面如图9-21所示。

图 9-21 "待办事项"注册界面

（3）WindowsMain类是待办事项程序中的主窗口。

① 首先定义在窗口的菜单条、菜单以及菜单项。

```
JMenuBar menubar;
JMenu menu;
JMenuItem menuItem_add, menuItem_delete, menuItem_update, menuItem_query;
```

② 定义初始化方法init()，定义位置、大小、窗口可见及关闭按钮功能，将菜单条、菜单、菜单项添加到窗口实例中。显示效果如图9-22所示。

③ 定义构造方法，在构造方法中调用初始化方法。

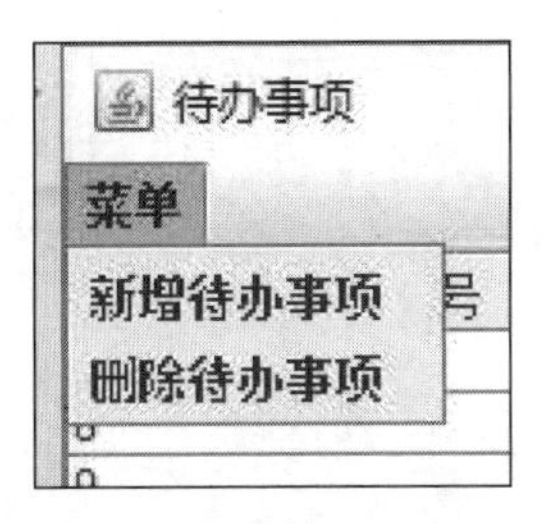

图 9-22 "待办事项"案例界面

（4）在窗口类的init()方法中，还要加上按钮和菜单的动作事件，例如：

① 创建新的待办事项单击事件，通过获取用户输入的内容和时间，将创建新的待办事项记录，并在创建完成之后刷新显示的原有数据。创建新的待办事项效果如图9-23所示。

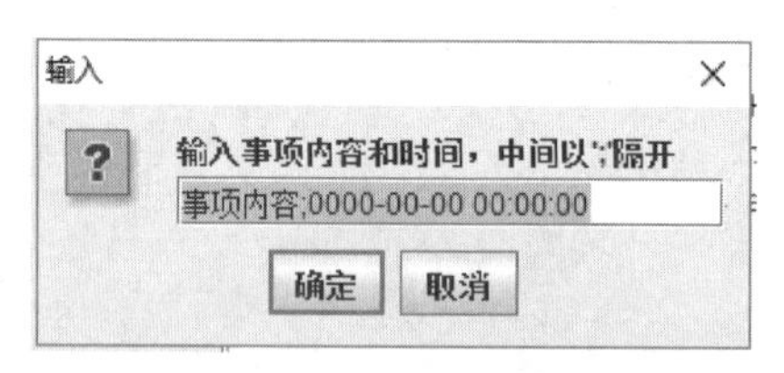

图 9-23　创建待办事项

② 删除待办事项单击事件，通过获取用户输入的待办事项的编号，将此编号的事项删除，并在删除完成之后刷新显示的数据。删除待办事项效果如图9-24所示。

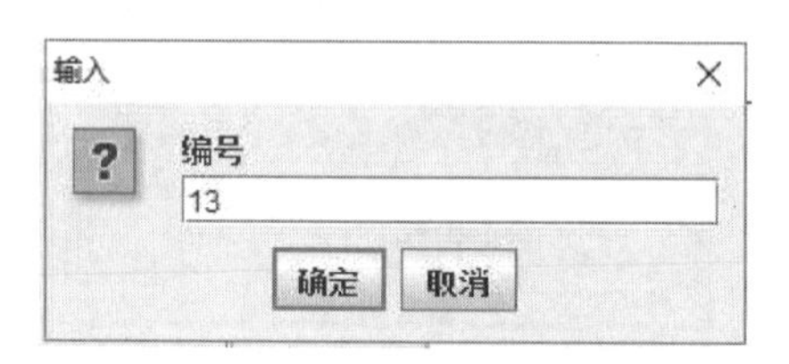

图 9-24　删除待办事项

（5）最后在MainClass类的main()方法里调用WindowsLogin()构造方法创建窗口。

2. 程序编码

```
//登录窗口
import java.awt.event.ActionEvent;
import java.awt.event.ActionListener;
import javax.swing.*;
public class WindowsLogin extends JFrame {
   JLabel jt=new JLabel("待办事项管理系统");
   JLabel jl1=new JLabel("用户名: ");
   JLabel jl2=new JLabel("密码: ");
   JTextField account=new JTextField();
   JPasswordField password=new JPasswordField();
   JButton jb_ok=new JButton("登录");
   JButton jb_register=new JButton("注册");
   public void init() {
      this.setTitle("待办事项管理系统");
      this.setSize(300,250);
      this.setLocationRelativeTo(null);
      this.setVisible(true);
      this.setDefaultCloseOperation(DISPOSE_ON_CLOSE);
      this.setLayout(null);
      jt.setBounds(80,30,200,18);
      this.add(jt);
      jl1.setBounds(10,80,60,18);
      account.setBounds(80,80,150,18);
```

```
        jl2.setBounds(10, 120, 60, 18);
        password.setBounds(80, 120, 150, 18);
        this.add(jl1);
        this.add(jl2);
        this.add(account);
        this.add(password);
        jb_ok.setBounds(80, 150, 60, 18);
        jb_register.setBounds(150, 150, 60, 18);
        this.add(jb_ok);
        this.add(jb_register);
        jb_ok.addActionListener(new ActionListener() {
            public void actionPerformed(ActionEvent e) {
                new WindowsMain();
                dispose();
                }
        });
        jb_register.addActionListener(new ActionListener() {
            @Override
            public void actionPerformed(ActionEvent e) {
                new WindowsRegister();
                dispose();
            }
        });
    }
    public WindowsLogin() {
        init();
    }
}
//注册窗口
import java.awt.event.ActionEvent;
import java.awt.event.ActionListener;
import javax.swing.*;
public class WindowsRegister extends JFrame {
    JLabel jt=new JLabel("待办事项管理系统");
    JLabel jl1=new JLabel("用户名: ");
    JLabel jl2=new JLabel("密码: ");
    JTextField account=new JTextField();
    JPasswordField password=new JPasswordField();
    JButton jb_register=new JButton("注册");
    public void init() {
        this.setTitle("待办事项管理系统");
        this.setSize(300,250);
        this.setLocationRelativeTo(null);
        this.setVisible(true);
        this.setDefaultCloseOperation(DISPOSE_ON_CLOSE);
        this.setLayout(null);
        jt.setBounds(80,30,200,18);
        this.add(jt);
        jl1.setBounds(10,80,60,18);
```

```
        account.setBounds(80,80,150,18);
        jl2.setBounds(10, 120, 60, 18);
        password.setBounds(80, 120, 150, 18);
        this.add(jl1);
        this.add(jl2);
        this.add(account);
        this.add(password);
        jb_register.setBounds(100, 150, 60, 18);
        this.add(jb_register);
        jb_register.addActionListener(new ActionListener() {
            public void actionPerformed(ActionEvent e) {
                new WindowsLogin();
                dispose();
            }
        });
    }
     public WindowsRegister() {
        init();
    }
}
//主窗口
import java.awt.event.MouseEvent;
import java.awt.event.MouseListener;
import javax.swing.*;
public class WindowsMain extends JFrame {
    JMenuBar menuBar=new JMenuBar();
    JMenu menu=new JMenu("操作菜单");
    JMenuItem menuItem_add=new JMenuItem("新增事项");
    JMenuItem menuItem_delete=new JMenuItem("删除事项");
    JMenuItem menuItem_update=new JMenuItem("修改事项");
    JMenuItem menuItem_query=new JMenuItem("查询事项");
    public void init() {
        this.setTitle("待办事项管理系统");
        this.setSize(800, 500);
        this.setLocationRelativeTo(null);
        this.setDefaultCloseOperation(DISPOSE_ON_CLOSE);
        this.setVisible(true);
        this.setJMenuBar(menuBar);
        menuBar.add(menu);
        menu.add(menuItem_add);
        menu.add(menuItem_delete);
        menu.add(menuItem_update);
        menu.add(menuItem_query);
        menuItem_add.addMouseListener(new MouseListener() {
            public void mouseClicked(MouseEvent e) {}
            public void mouseEntered(MouseEvent e) {}
            public void mouseExited(MouseEvent e) {}
            public void mousePressed(MouseEvent e) {
                JOptionPane.showInputDialog("请输入新增事项内容");
```

```
            return;
         }
         public void mouseReleased(MouseEvent e) {}
      });
   }
   public WindowsMain() {
      init();
   }
}
//主函数
public class MainClass{
   public static void main(String [] args){
    new WindowsLogin();
  }
}
```

本程序还要建立一些相关类才能正常运行，如Event、EventDao等类，运行程序得到的窗体如图9-25所示。

图 9-25　待办事项管理系统主窗口

单击"操作菜单"，弹出的菜单后窗口如图9-26所示。

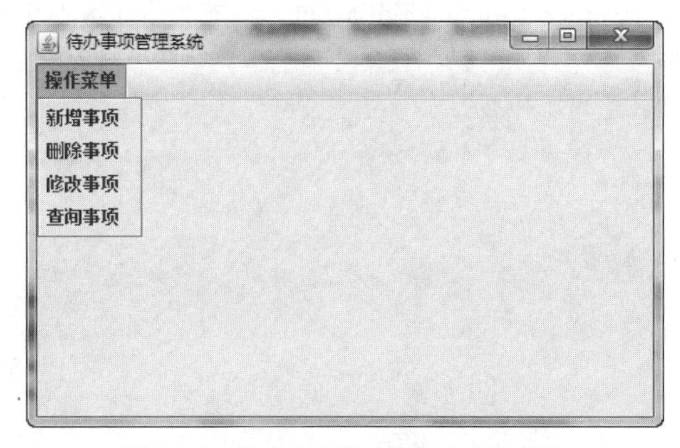

图 9-26　待办事项管理系统主窗口菜单

单击菜单相应选项，可以完成新增待办事项和删除待办事项操作。

习　题

1. 选择题

（1）下面（　　）不是Swing顶层容器。

A. JFrame　　B. Jpanel

C. JDialog　　D. JApplet

（2）每个使用 Swing组件的程序必须要有一个（　　）。

A. 按钮　　B. 文本框

C. 菜单　　D. 容器

（3）单击按钮时，需要触发（　　）类型的事件。

A. KeyEvent　　B. ActionEvent

C. MouseEvent　　D. WindowEvent

（4）下列组件中，在布局时常被放入JScrollPane中的是（　　）。

A. PAssword Field　　B. Jcombobox

C. JTextArea　　D. JTextField

（5）可以把JFrame的布局管理器设为FlowLayout类型的是（　　）。

A. addFlowLayout();　　B. addLayout(new FlowLayout());

C. setFlowLayout();　　D. setLayout(new FlowLayout());

（6）在下面的叙述中，不正确的是（　　）。

A. 使用BoderLayout布局的容器被划分为5个区域

B. 使用FlowLayout布局的容器最多可以添加5个组件

C. JPanel的默认布局是FlowLayout布局

D. JDialog的默认布局是BorderLayout布局

2. 思考题

（1）向JFrame和JPanel中添加组件时，是否都需要使用getContentPane方法？

（2）FlowLayout、BorderLayout、GridLayout 三种布局管理器各有什么特点？

（3）在程序中编写事件处理的程序代码时，基本的步骤是什么？

（4）事件适配器的作用是什么？

第 10 章

“待办事项”管理——JDBC 编程技术

学习目标

- 了解JDBC运行原理。
- 掌握JDBC编程步骤。
- 掌握使用JDBC完成对数据的增删改查。

10.1 案例描述

“待办事项”案例可以新增、取消、修改、查询“待办”的各种事项，本章通过JDBC编程技术实现“待办事项”案例的各种数据库操作。

10.2 JDBC 概述

JDBC是连接数据库和Java程序的桥梁，通过JDBC API可以方便地实现对各种主流数据库的操作。

在没有JDBC之前，Java程序员必须熟悉各种数据库的连接驱动，以便在Java程序中实现对数据的增删改查。这种方式移植性很不好，一旦更换数据库必须重新编写连接数据库的驱动程序。

有了JDBC之后，只需要使用JDBC提供的接口，由JDBC为我们管理各种数据库的驱动，在更换数据库时只需要更改连接的jar包即可。

10.3 JDBC 编程

10.3.1 加入数据库的连接包

在项目中使用JDBC数据库连接，必须为项目引入相应的数据库连接的jar包，本章以MySQL数据库连接为例进行讲解，首先在项目中引入MySQL数据库连接的jar包。

（1）右击项目Build Path，在弹出的快捷菜单中选择Configure Build Path，打开Java Build Path面板，如图10-1所示。

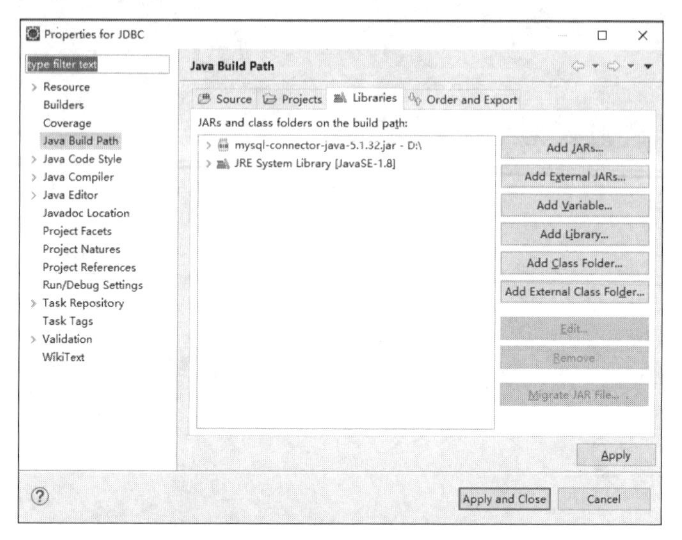

图 10-1　Java Build Path 面板

（2）单击Add External JARs，选择MySQL连接包，如图10-2所示。

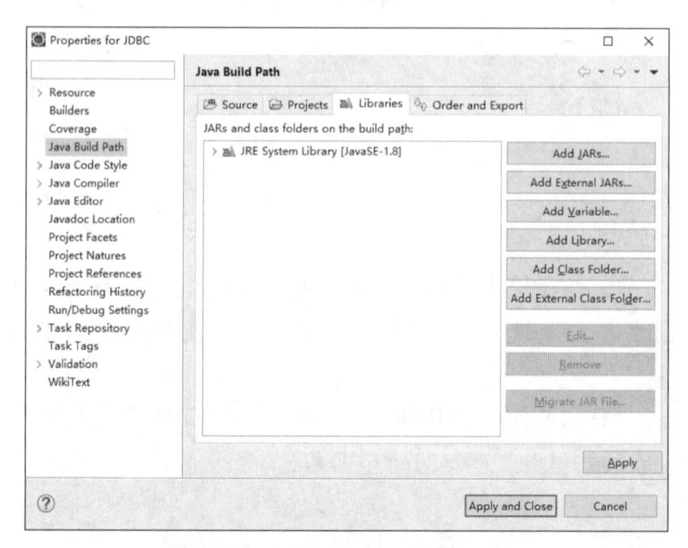

图 10-2　添加 MySQL 驱动程序包

10.3.2 创建数据库连接类

为了实现代码复用，我们通常将连接数据库的程序分离开来，具体操作如下：

（1）在MySQL中创建一个数据库并创建一张名为user的表，如图10-3所示，其中id采取自动递增的方式。

字段 索引 外键 触发器 选项 注释 SQL 预览

名	类型	长度	小数点	不是 null	虚拟	键	注释
id	int	11	0	☑	☐	1	
name	varchar	255	0	☐	☐		
username	varchar	255	0	☐	☐		
password	varchar	255	0	☐	☐		

图 10-3 创建 user 表

（2）创建一个名为MySQLConn的类。

（3）在MySQLConn类中注册数据库连接驱动程序。

```
import java.sql.Connection;
import java.sql.DriverManager;
import java.sql.SQLException;
public class MySQLConn {
private Connection conn;
public Connection getConn() {
   try {
      Class.forName("com.mysql.jdbc.Driver");
   } catch (ClassNotFoundException e) {
      e.printStackTrace();
   }
return conn;
   }
}
```

（4）与MySQL建立连接，在建立连接时需要提供数据库的URL和数据库的账号密码。其中URL的格式通常为：jdbc:mysql://localhost:3306/数据库名？useUnicode=true&characterEncoding=utf-8。

```
public class MySQLConn {
   private Connection conn;
   public Connection getConn() {
   String URL="jdbc:mysql://127.0.0.1:3306/jdbc?useUnicode=true&amp;
   characterEncoding=utf-8";
   String USER="root";
   String PASSWORD="root";
   try {
      Class.forName("com.mysql.jdbc.Driver");
   } catch (ClassNotFoundException e) {
      System.out.println("加载驱动失败！");
   }
   try {
      conn=DriverManager.getConnection(URL, USER, PASSWORD);
```

```
        } catch (SQLException e) {
          System.out.println("建立连接失败");
        }
        System.out.println("成功建立数据库连接! ");
        return conn;
        }
        public void closeConn() {
        if(conn!=null) {
        try {
           conn.close();
        } catch (SQLException e) {
           System.out.println("关闭数据库失败");
           }
        } else {
        return;
               }
           }
    }
```

通过以上几个步骤我们已经成功和数据库建立连接，接下来我们需要做的是对数据库进行操作。

10.3.3 对数据库进行操作

要想对数据库进行操作，需要获得一个Statement对象，通过Statement执行SQL语句，最后通过ResultSet处理结果集。

（1）创建名为UserDao的类进行数据库的操作。

（2）通过MySQLConn获得数据库的连接，通过Connection对象获得Statement对象以用来执行sql语句。

```
import java.sql.Connection;
import java.sql.ResultSet;
import java.sql.SQLException;
import java.sql.Statement;
public class UserDao {
   public static void main(String[] args) throws SQLException {
      MysqlConn mysqlConn=new MysqlConn();
      Connection conn=mysqlConn.getConn();
      Statement state=conn.createStatement();
      String sql="insert into user(name,username,password) values
     ('张三','123456','123456')";
      state.executeUpdate(sql);
      String sqlSelect="select * from user";
      ResultSet rs=state.executeQuery(sqlSelect);
      while (rs.next()) {
         System.out.println("id: " + rs.getInt(1));
         System.out.println("name: " + rs.getString(2));
         System.out.println("username: " + rs.getString(3));
         System.out.println("password: " + rs.getString(4));
```

```
        }
        rs.close();
        state.close();
        conn.close();
    }
}
```

10.4 JDBC 中的几个重要接口

10.4.1 Statement——SQL语句执行接口

Statement 接口代表了一个数据库的状态，在向数据库发送相应的 SQL 语句时，都需要创建 Statement 接口或者 PreparedStatement 接口。在具体应用中，Statement 主要用于操作不带参数（可以直接运行）的 SQL 语句，比如删除语句、添加或更新。

10.4.2 PreparedStatement——预编译的Statement

Statement 发送完整的 SQL 语句到数据库不是直接执行而是由数据库先编译、再运行。而 PreparedStatement 是先发送带参数的 SQL 语句，再发送一组参数值。如果是同构的 SQL 语句，PreparedStatement 的效率要比Statement 高。而对于异构的 SQL 则两者效率差不多。

同构：两个 SQL 语句可编译部分是相同的，只有参数值不同。

异构：整个 SQL 语句的格式是不同的。

PreparedStatement使用方式：

（1）通过连接获得PreparedStatement对象，用带占位符“?”的SQL语句构造。例如：

```
PreparedStatement pstm=con.preparedStatement("select * from test where
id=?" );
```

（2）设置参数pstm.setString(1，"ganbin");

（3）执行 SQL 语句rs = pstm.excuteQuery();

通常情况下，能使用用预编译时尽量用预编译。

10.4.3 ResultSet——结果集操作接口

ResultSet接口是查询结果集接口，它对返回的结果集进行处理。ResultSet 是程序员进行 JDBC 操作的必需接口。

当查询数据库的时候，可以将查询的结果放在具体的ResultSet对象中，比如我们用rs表示一个ResultSet对象。那么查询的结果无非就是一些符合查询条件的记录集，ResultSet结果集有一个索引指针，最初这个指针是指向第一条记录的前一个位置，也就是没有指向任何内容，使用rs.next()方法就会使指针往后移动指向下一个记录，所以一定要先执行一次next()函数才会让指针指向第一条记录。

一条记录可能会有好几个属性的内容，那么可以使用get×××(int index)方法类获得具体属性的值，×××代表以什么样的数据类型方式来读取内容，当指针指向一条记录的时候，比如这条记录的内容就是“0001张三18”。那么我们可以使用rs.getString(1)来获得内容“0001”，使用getString(2)来获得内容“张三”，使用getInt(3)来获得内容“18”。我们可以看到，ResultSet的一条记录的索引位置是从1开始的，而不是从0开始，获取字段值时也要按顺序读取。

10.5 使用 JDBC 完成“待办事项”案例的增删改查功能

1．实现思路

待办事项数据库操作

（1）创建实体类Event，对应数据库todo中event表中的四个字段，设定四个属性：envent_id、text、date、remind，以及这四个属性的set（和get）方法，给出Event类的构造方法和重写它的toString()方法。

（2）创建con_MySQL类用于创建数据库的连接并返回Connection类型的数据库连接对象，以便后续操作使用此连接访问数据库。

（3）具体的数据库操作则是通过EventDao类进行的，类的结构如图10-4所示。

EventDao
Connection:Connection Preparedstmt:PreparedStatement Stmt:Statement resultSet:ResultSet
addEvent(String text, String date):void listEvent_needRemind():List<Event> listEvent():List<Event> deleteEvent(String str):void setRemind(String event_id):void

图 10-4　EventDao 类的结构

① addEvent()方法用于添加新的待办事项，通过INSERT INTO语句加入到event表中。

② listEvent_needRemind()方法用于线程的轮询中不断地查询当前时间所需要提醒的事项，通过SELECT语句检索event表中未被提醒过且时间符合的记录，封装在List中。

③ listEvent()方法用SELECT语句查出所有的代办事项，并封装在List中。

④ deleteEvent()方法根据传入的event_id字段用DELETE语句删除所对应的代办事项。

⑤ setRemind()方法用UPDATE语句将提醒过的事项状态修改为已提醒的状态。

2. 程序编码

```
import java.sql.Date
public class Event {
   private String event_id;
   private String text;
   private Date date;
   private String remind;
   public Event() {
   }
   public Event(String event_id, String text, Date date, String remind)
     {
      this.event_id = event_id;
      this.text=text;
      this.date=date;
      this.remind=remind;
   }
   public String toString() {
      return "Event [event_id=" + event_id + ", text=" + text + ", date="
 + date + ", remind=" + remind + "]";
   }
   public String getEvent_id() {
      return event_id;
   }
   public void setEvent_id(String event_id) {
      this.event_id=event_id;
   }
   public String getText() {
      return text;
   }
   public void setText(String text) {
      this.text=text;
   }
   public Date gctDate() {
      return date;
   }
   public void setDate(Date date) {
      this.date=date;
   }
   public String getRemind() {
      return remind;
   }
   public void setRemind(String remind) {
      this.remind=remind;
   }
   }
   public class con_MySQL {
   static final String driverName="com.mysql.jdbc.Driver";
   static final String dbURL="jdbc:mysql://localhost:3306/todo";
   static final String userName="root";
```

```
    static final String userPwd="root";
    static Connection dbConn=null;
    static {
       try {
          Class.forName(driverName);
          System.out.println("加载数据库驱动成功");
       } catch (Exception e) {
          e.printStackTrace();
          System.out.print("加载数据库驱动失败");
       }
    }
    public static Connection getCon() throws SQLException {
       if (dbConn==null) {
          dbConn=DriverManager.getConnection(dbURL, userName, userPwd);
          return dbConn;
       }
       return dbConn;
    }
    }
    //EventDao类，实现增删改查
    import java.sql.*;
    import java.util.ArrayList;
    import java.util.List;
    public class EventDao {
       Connection con=null;
       PreparedStatement pst=null;
       Statement stmt=null;
        ResultSet rs=null;
      public void addEvent(String text, String date) throws SQLException
  {
         con=con_MySQL.getCon();
         String sql="insert into  event (text,date,remind) values('" +
  text + "','" + date + "','no')";
         pst=con.prepareStatement(sql);
         pst.execute();
      }
      public  List<Event> listEvent_needRemind() throws SQLException {
         con=con_MySQL.getCon();
         String sql="select * from event where remind='no' and date < '"
  + TimeUtil.getStringSecond() + "'";
         pst=con.prepareStatement(sql);
         rs=pst.executeQuery();
         List<Event> list=new ArrayList<Event>();
         Event event=null;
         while (rs.next()) {
         event=new Event(rs.getString("event_id"), rs.getString
     ("text"), rs.getDate("date"),
                 rs.getString("remind"));
               list.add(event);
```

```
        }

        return list;
    }
    public  List<Event> listEvent() throws SQLException {
        con=con_MySQL.getCon();
        String sql="select * from event ";
        pst=con.prepareStatement(sql);
        rs=pst.executeQuery();
        List<Event> list=new ArrayList<Event>();
        Event event=null;
        while (rs.next()) {
             event=new Event(rs.getString("event_id"), rs.getString
("text"),rs.getDate("date"),rs.getString("remind"));
             list.add(event);
        }

        return list;
    }
    public void deleteEvent(String str) throws SQLException {
        con=con_MySQL.getCon();
        String sql="delete from event where event_id='" + str + "' ";
        stmt=con.prepareStatement(sql);
        stmt.executeUpdate(sql);
    }
    public  void setRemind(String event_id) throws SQLException {
        con=con_MySQL.getCon();
        String sql="update event set remind='yes' where event_id='" +
  event_id + "'";
        stmt=con.createStatement();
        stmt.executeUpdate(sql);
    }

    public  void updateEvent(String event_id, String text, String date)
  throws SQLException {
        con=con_MySQL.getCon();
        String sql="update event set text='" + text + "' , date='" +
  date + "' , remind='no' where event_id='" + event_id + "'";
        stmt=con.createStatement();
        stmt.executeUpdate(sql);
    }
    public  Event queryEvent(String str) throws SQLException {
        con=con_MySQL.getCon();
        String sql="select * from event where event_id='" + str + "'";
        pst=con.prepareStatement(sql);
        rs=pst.executeQuery();
        Event event=null;
        rs.next();
        event=new Event(rs.getString("event_id"), rs.getString
```

```
    ("text"), rs.getDate("date"),rs.getString("remind"));
            return event;
        }
}
```

习　　题

1. 选择题

(1) 提供Java存取数据库能力的包是（　　）。

A. java.sql　　B. java.awt

C. java.lang　　D. java.swing

(2) Java用（　　）类来加载mysql驱动程序。

A. Object　　B. Connenction

C. Statement　　D. Class

(3) 下面（　　）不是JDBC常用的接口。

A. Connection　　B. Runnable

C. Statement　　D. ResultSet

(4) 在JDBC中，通过（　　）对象执行带参数的SQL语句。

A. PreparedStatement　　B. Statement

C. CallableStatement　　D. ResultSet

(5) 不面不属于常见的持久层框架的是（　　）。

A. JDBC　　B. Hibernate

C. MyBatis　　D. Struts

2. 思考题

(1) 连接数据库的主要步骤有哪些？

(2) JDBC操作中什么对象用来存储查询结果？

(3) 预处理语句的好处是什么？

第11章

"待办事项"管理——文件读写

学习目标

- 了解Java I/O系统和File类。
- 掌握Java中文件的读写操作。
- 熟悉文件的创建和文件内容的追加。

11.1 案例描述

在"待办事项"案例操作中，先获取要写入的文件，如果文件存在，则追加写入内容，如果文件不存在，则创建文件。

11.2 Java I/O 系统

11.2.1 Java I/O系统概述

程序可以笼统地看作是输入、处理、输出的简单流程。在写程序时不可避免的问题就是输入与输出。对于程序设计者来说I/O是一个棘手的问题，因为不仅存在各种I/O源端和想要与之通信的接收端（文件、控制台、网络），而且还需要以不同的方式和它们进行通信（二进制、字符、行、字等）。

Java为我们提供了大量的类来解决这些问题，比如I/O类库、AIO、NIO。接下来就围绕着I/O类库进行文件读写来讲述Java I/O系统如何使用。

11.2.2 File类

File类这个名字有一定的误导性，我们可能会认为它是指文件，实际上它不仅代表文件，还代表一个目录下的一组文件的名称。如果它指的是一个文件集，我们可以调用list()方法，这个方法会返回一个字符数组，这个字符数组存放的是目录下的所有文件的文件名（包括文件夹的名字）。

【例11-1】获得指定目录下所有的文件。

```
public class FileDemo {
public static void main(String[] args) {
   File path=new File("d://file-test");
   String[] filePath=path.list();
   for (int i=0; i < filePath.length; i++) {
      System.out.println(filePath[i]);
      }
   }
}
```

11.3 输入和输出

Java将I/O类分成输入和输出两个部分，采用流这个抽象的概念来代表任何有能力产出数据的数据源对象或者是有能力接收数据的接收对象。流屏蔽了实际I/O设备中处理数据的细节，流也被分为字节流和字符流。

所有实现输入的类都继承InputStream接口，通过read()来实现读取单个字节或者字节数组，通过close()来关闭流。所有实现输出的类都继承OutputStream接口，通过write()来写入单个字节或者字节数组。

【例11-2】通过字节流进行文件的读写。

```
public class FileReadWriteDemo {
   public static void main(String[] args) throws IOException {
      File file=new File("d://test.txt");
      if (!file.exists()) {
         try {
             file.createNewFile();
         } catch (IOException e) {
             e.printStackTrace();
         }
      }
      try {
         FileOutputStream fos=new FileOutputStream(file);
         fos.write("Java 输出流".getBytes());
         fos.flush();
         fos.close();
         FileInputStream fis=new FileInputStream(file);
         byte[] buff=new byte[1024];
         while ((fis.read(buff))!=-1) {
         String result=new String(buff);
```

```
            System.out.println("从文件中读取到数据: " + result);
         }
         fis.close();
      } catch (FileNotFoundException e) {
         e.printStackTrace();
      }
   }
}
```

上述程序是通过字节流的方式向文件中写入数据和读取数据，具体步骤如下：

（1）创建一个File对象并指向一个文件的绝对路径。

（2）判断文件是否存在，如果文件不存在则创建文件。

（3）开启一个输出流并指向File对象。

（4）通过输出流向文件中以字节码的形式写入内容，这里使用getBytes()方法将字符串编码为字节码，同时Java默认以GBK的方式进行编码。

（5）开启一个输入流并指向File对象。

（6）创建一个byte数组用于存放从文件中读取到的字节码数据。

（7）通过输入流从文件中读取数据至byte数组中，将byte数据解码成字符串，这里依旧以GBK编码的方式进行解码。

了解了以字节流的方式进行读写文件之后，让我们来了解另一种方式，以字符流进行数据的读写。

【例11-3】通过字符流进行数据的读写。

```
public class FileReaderWriter {
   public static void main(String[] args) throws IOException {
      File file=new File("d://test.txt");
      if (!file.exists())
          file.createNewFile();
          BufferedWriter bw=new BufferedWriter(new OutputStreamWriter
          (new FileOutputStream(file)));
      bw.write("Java 输出流");
      bw.flush();
      bw.close();
      BufferedReader br=new BufferedReader(new InputStreamReader (new
      FileInputStream(file)));
      String result=null;
      while ((result=br.readLine())!=null) {
         System.out.println(result);
      }
      br.close();
      }
}
```

通过上面的代码可以看到，字符流相比字节流给我们提供了极大的便利，我们不需要手动去进行编码和解码工作。使用字符流进行数据读写的步骤总结如下：

（1）创建一个File对象并指定文件的路径。

（2）如果文件不存在则创建文件。

（3）通过字节输出流来创建一个字符输出流，再通过字符输出流创建一个带缓冲的字符输出流。

（4）通过字符流向文件中写入数据。

（5）通过flush()方法将缓冲中的数据刷新至文件中。

（6）通过字节输入流来创建一个字符输入流，再通过字符输入流创建一个带有缓冲的字符输入流。

（7）将文件中的数据以行的方式读取到我们的字符串对象中。

11.4 待办事项案例所应用的代码

待办事项文件读写

1. 实现思路

（1）在待办事项中，将已完成的事项写入文件进行存储。

（2）先获取到要写入的文件todo.txt，如果文件存在，则可以进一步写入内容，如果文件不存在，则创建文件。

（3）通过FileWriter 类写入文件。

2. 程序编码

```
import java.io.*;
import java.sql.SQLException;
import java.util.ArrayList;
import java.util.List;
public class WriteToFile {
public static void main(String[] args) throws IOException, SQLException  {
   EventDao eventDao=new EventDao();
   List<Event> list=new ArrayList<Event>();
   File file=new File("D://todo.txt");
   FileWriter fw=new FileWriter(file,true);
   PrintWriter pw=new PrintWriter(fw);
   list=eventDao.listEvent();
   for(Event e:list)
      pw.println("编号: "+e.getEvent_id()+"  内容: "+e.getText()+"    日期:
"+e.getDate());
   pw.close();
   fw.close();
   InputStream is=new FileInputStream(file);
   byte[] buff=new byte[1024];
   while((is.read(buff))!=-1) {
      String str=new String(buff);
      System.out.println(str);
   }
   is.close();
```

```
    }
}
```

写入效果如图11-1所示。

图 11-1　把内容写入到 todo.txt

习　　题

1. 选择题

（1）下列叙述中错误的是（　　）。

A. File类能够存储文件

B. File类能够读写文件

C. File类能够建立文件

D. File类能够获取文件目录信息

（2）下面程序代码中的name表示文件名，且这个文件在文件系统下不存在，则程序执行后，在文件系统下会发生的是（　　）。

```
File createFile(String name) {
    File myFile=new File(name);
    return myFile;
   }
```

A. 生成以name命名的文件，但这个文件还没有被打开

B. name指定的位置变为当前目录

C. 生成以name命名的文件，并且打开这个文件

D. 上面的代码只是创建 myFile文件对象，文件系统什么也不会发生

（3）下面的程序中，已知其源程序的文件名是"J_Test.java"，其所在路径和当前路径都是" C:\example"，则结论正确的是（　　）。

```
import java.io.File;
public class J_Test {
   public static void main(string[] args) {
      File f=new File("J_Test.class");
      System.out.println(f. getAbsolutePath());}
}
```

A. 程序可以通过编译并正常运行，结果输出“ J_Test.class”

B. 程序可以通过编译并正常运行，结果输出“ \example”

C. 程序可以通过编译并正常运行，结果输出“C:\ example\J_Test.class”

D. 程序无法通过编译或无法正常运行

（4）下列数据流中，属于输入流的是（　　）。

A. 从内存流向硬盘的数据流

B. 从键盘流向内存的数据流

C. 从键盘流向显示器的数据流

D. 从网络流向显示器的数据流

（5）字符流与字节流的区别是（　　）。

A. 前者带有缓冲，后者没有

B. 前者是块读写，后者是字节读写

C. 二者没有区别，可以互换使用

D. 每次读写的字节数不同

（6）下列 InputStream类中可以关闭流的是（　　）。

A. skip( )　　B. close( )

C. mark( )　　D. reset( )

2. 思考题

（1）File类有哪些构造方法和常用方法？

（2）File类能否实现文件的读写操作？Java语言提供了什么机制来实现文件的读写？

（3）Java中定义了哪几种流？这些流类分别实现何种数据的读写操作？

第12章

“待办事项”提醒功能的实现——多线程机制

学习目标

- 了解多线程的概念。
- 掌握Thread类和线程池的使用。
- 熟悉多线程的应用。

12.1 案例描述

“待办事项”案例根据设置的时间节点会主动提醒用户完成相关工作任务，实现机制是：启动线程后，将每隔3 s对数据库中待办事项进行轮询，看看是否有已经到时间的待办事项，若有则弹出提醒框，用户单击之后置为已提醒。

12.2 多线程

12.2.1 多线程概述

并发编程使我们可以将程序划分为多个分离的、独立运行的任务。Java为我们提供了多线程机制来满足并发编程的需求。通过使用多线程机制，可以将独立任务中的每一个交给执行线程来驱动。一个线程就是进程中的一个单一的顺序控制流，因此，单个进程中可以有多个并发执行的任务，线程通过切分CPU的时间，将CPU的占用时间分割为极小的微粒，以达到看起来像是并发执行的效果，其实是线程不断切换轮流占用CPU使用时间。

12.2.2 定义任务

线程可以驱动任务，因此我们首先要做的就是定义任务。我们可以通过实现Runnable接口来定义任务，通过实现Runnable接口，就可以执行我们的程序代码。

【例12-1】定义一个任务。

```
public class FileIORunnable implements Runnable {
    @Override
    public void run() {
        File file=new File("d://test.txt");
        if (!file.exists())
            try {
                file.createNewFile();
            } catch (IOException e) {
                e.printStackTrace();
            }
            try {
    BufferedWriter bw=new BufferedWriter(new OutputStreamWriter (new
FileOutputStream(file)));
            bw.write("Java 输出流");
            bw.flush();
            bw.close();
    BufferedReader br=new BufferedReader(new InputStreamReader (new
FileInputStream(file)));
            String result=null;
            while ((result=br.readLine())!=null) {
                System.out.println(result);
            }
            br.close();
        } catch (IOException e) {
            e.printStackTrace();}
        }
}
```

在上面的代码中我们继承了Runnable接口并实现了run()方法，run()方法中就是我们的任务所需要执行的程序，这里我们的任务为读写文件。Java的I/O操作通常是阻塞的，所谓的阻塞就是将线程停止，等待一个操作完成。比如在向文件中写入数据时，我们通常不需要等待写入完成再去执行接下去的代码，但由于阻塞，如果使用单线程的话就不得不等待，所以通常使用多线程的方式去读写文件。

12.2.3 Thread类

将Runnable对象转变为工作任务，一个传统的方式是把它提交给一个Thread对象。

【例12-2】将任务交给线程执行。

```
public class FileIOThread{
    public static void main(String[] args) {
        FileIORunnable fileIORunnable=new FileIORunnable();
        Thread thread=new Thread(fileIORunnable);
```

```
        thread.start();
        System.out.println("io还没执行完毕，但已经执行主线程后面代码");
    }
}
```

程序的运行结果如图12-1所示。

```
io还没执行完毕，但已经执行主线程后面代码
Java 输出流
```

图 12-1 例 12-2 运行结果

这里我们创建一个Thread对象并加入一个任务，通过start()方法来执行线程。通过运行结果可以看到，在I/O还没执行完就已经输出“io还没执行完毕，但已经执行主线程后面代码”，说明线程是异步执行的。

Thread类有以下几个重要的方法：

- sleep(long millis)：使当前线程休眠指定的时间。
- wait()：使当前线程进入等待状态，当其他线程调用唤醒方法时，当前线程再重新开始执行。
- notify()：唤醒等待状态中的其中一个线程。
- notifyAll()：唤醒所有处于等待状态的线程。

通过以上几个方法，我们能够控制线程，让各个线程能够按照我们所需要的方式去并发执行。

12.2.4 Executor线程池

开启一个线程和关闭线程是一个非常耗费资源的操作，大量的线程开启和关闭会造成整个系统性能的下降。所以Java为我们提供了线程池来管理Thread对象，从而不需要去不断地开启和关闭线程，我们只需要从线程池中获取线程并加入我们的任务进去执行即可。通过线程池的方式能够大大提高系统的性能。

【例12-3】使用线程池。

```
public class TestRunnable implements Runnable {
    private static int id=0;
    private int currId;
    public TestRunnable() {
        currId=++id;
    }
    @Override
    public void run() {
        for(int i=0;i<3;i++) {
            System.out.println("线程: " + this.currId + "产生数据: " + i);
        }
    }
}
```

```
public class ExecutorTest {
    public static void main(String[] args) {
        ExecutorService exec=Executors.newCachedThreadPool(5);
        for (int i=0; i<5; i++)
            exec.execute(new TestRunnable());
        exec.shutdown();
    }
}
```

程序的某一次运行结果如图12-2所示。

```
线程：1产生数据：0
线程：1产生数据：1
线程：1产生数据：2
线程：3产生数据：0
线程：3产生数据：1
线程：3产生数据：2
线程：2产生数据：0
线程：2产生数据：1
线程：2产生数据：2
线程：5产生数据：0
线程：5产生数据：1
线程：5产生数据：2
线程：4产生数据：0
线程：4产生数据：1
线程：4产生数据：2
```

图 12-2 例 12-3 运行结果

通过运行结果我们可以发现，从线程池中获取的五个线程交替执行，五个线程在不同的时间段占用CPU的使用时间。通过线程池的方式，我们可以一次性预先付出高代价来创建。但通过线程池维护线程，我们可以将线程进行复用，无须一有任务就开启一个线程。

12.3 待办事项案例所应用的代码

1. 实现思路

待办事项多线程

（1）创建RemindThread类，用来轮询待办事项的线程类，通过类的静态变量threadState来表示当前线程的状态RUN或者STOP，一旦启动程序，则调用startThread()方法启动整个线程。

（2）启动线程后，将每隔3 s对数据库中待办事项进行轮询，看看是否有已经到时间的待办事项，若有则弹出提醒框，用户单击之后置为已提醒。

2. 程序编码

```
import java.io.*;
import java.sql.SQLException;
import java.util.List;
import javax.swing.JOptionPane;
import javax.swing.table.DefaultTableModel;
public class RemindThread {
    private final static String RUN="run";
    private final static String STOP="stop";
    private static String threadState=STOP;
    public static void startThread() {
        if (threadState.equals(RUN)) {
            return;
        }
        threadState=RUN;
        new Thread() {
            @Override
            public void run() {
                while (threadState.equals(RUN)) {
                    System.out.println("线程执行，当前时间：" +
                    TimeUtil.getStringSecond());
                    List<Event> eventList_needRemind=null;
                    EventDao eventDao=new EventDao();
                    try {
                      eventList_needRemind=eventDao.listEvent_needRemind();
                    } catch (SQLException e1) {
                      e1.printStackTrace();
                    }
                    /*
                     * 将所有到时间且未提醒的都查询
                     */
                    if (eventList_needRemind !=null &&
                    eventList_needRemind.size() > 0) {
                      for (int n=0; n < eventList_needRemind.size(); n++) {
                            int dianji=JOptionPane.showConfirmDialog(null,
                            eventList_needRemind.get(n).getText(),
                            "待办事项提醒，是否写入文件",
                            JOptionPane.YES_NO_OPTION);
                            try {
                                    // 提醒之后设置标记为已提醒
        eventDao.setRemind(eventList_needRemind.get(n).getEvent_id());

                            } catch (SQLException e) {
                                    e.printStackTrace();
                            }
                            if (dianji==JOptionPane.YES_OPTION) {
                                    /*
                                     * 写入文件
```

```
                        */
                        FileWriter fw=null;
                        try {
                            // 如果文件存在，则追加内容；如果文件不存
                            // 在，则创建文件
                            // 但是最好不要放在系统盘，系统盘可能会有
                            // 保护权限，不让修改文件
                            File f=new File("D:\\todo.txt");
                            fw=new FileWriter(f, true);
                        } catch (IOException e) {
                            e.printStackTrace();
                        }
                        PrintWriter pw=new PrintWriter(fw);
                        pw.println("编号: " + eventList_needRemind.
    get(n).getEvent_id() + "\r\n内容: " + eventList_needRemind.get(n).getText()
    + "\r\n时间: "+ eventList_needRemind.get(n).getDate() + "\r\n");
                        pw.flush();
                        try {
                            fw.flush();
                            pw.close();
                            fw.close();
                        } catch (IOException e) {
                            e.printStackTrace();
                        }
                    }
                }
                DefaultTableModel tableModel=
                (DefaultTableModel) WindowMain.table.getModel();
                tableModel.setRowCount(0);// 清空表格
                List<Event> eventList=null;
                try {
                    eventList = eventDao.listEvent();
                } catch (SQLException e1) {
                    e1.printStackTrace();
                }
                // 更新表格数据
                for (int i=0;i < eventList.size();i++) {
                    tableModel.addRow(new Object[] { eventList.
    get(i).getEvent_id(), eventList.get(i).getText(),eventList.get(i).
getDate(), eventList.get(i).getRemind() });
                }
            }
            try {
              Thread.sleep(3000);
            } catch (InterruptedException e) {
              e.printStackTrace();
            }
        }
    }// run结束
```

```
        }.start();
    }
    public static void stopThread() {
        threadState=STOP;
    }
    public static String getRun() {
        return RUN;
    }
    public static String getThreadState() {
        return threadState;
    }
    public static void setThreadState(String threadState) {
        RemindThread.threadState=threadState;
    }
    public static String getStop() {
        return STOP;
    }
}
```

提醒效果如图12-3所示。

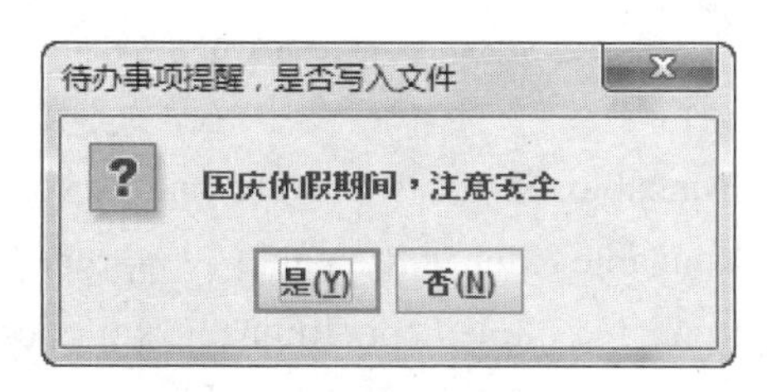

图 12-3 待办事项提醒

习　　题

1. 选择题

（1）下列说法中错误的一项是（　　）。

A. 线程就是程序　　B. 线程是一个程序的单个执行流

C. 多线程指一个程序的多个执行流　　D. 多线程用于实现并发

（2）下列方法中，可以用来创建并启动一个新线程的是（　　）。

A. 实现 java.lang.Runnable接口，重写start方法，并调用run方法

B. 实现 java.lang.Runnable接口，重写run方法，并调用start方法

C. 实现 java.lang.Thread类，重写run方法，并调用start方法

D. 实现 java.lang.Thread类，重写start方法，并调用start方法

（3）下列关于线程优先级的说法中，正确的是（　　）。

A. 线程的优先级是不能改变的

B. 线程的优先级是在创建线程时设置的

C. 创建线程后，任何时候都可以设置

D. 程序执行过程中自动设置

（4）如果线程正处于运行状态，则它可能到达的下一个状态是（　　）。

A. 终止状态

B. 阻塞状态或终止状态

C. 可运行状态，阻塞状态或终止状态

D. 其他所有状态

（5）下列关于Thread类提供的线程控制方法的说法中，错误的一项是（　　）。

A. 在线程A中执行线程B的join( )方法，则线程A等待直到B执行完成

B. 线程A通过调用interrupt( )方法来中断其阻塞状态

C. 若线程A调用方法isAlive( )返回值为true，则说明A正在执行中

D. currentThread( )方法返回当前线程的引用

（6）用如下代码创建一个新线程并启动线程，下面选项中，可以保证这段代码能够通过编译并成功创建target对象的是（　　）。

```
public static void main(string[] args){
    Runnable target=new MyRunnable( );
        Thread myThread=new Thread(target);
}
```

A. public class MyRunnable extends Runnable {public void run(){}}

B. public class MyRunnable extends Runnable {void run(){}}

C. public class MyRunnable implements Runnable {public void run(){}}

D. public class MyRunnable implements Runnable {void run(){}}

（7）在多个线程访问同一个资源时，可以使用（　　）关键字来实现线程同步，保证对资源安全访问。

A. synchronized　　B. transient

C. static　　D. yield

（8）线程通过（　　）方法可以休眠一段时间，然后恢复运行。

A. run()　　B. setPrority()

C. yield()　　D. sleep()

2. 思考题

（1）简述程序、进程和线程的概念。

（2）实现多线程的方式有哪些？

第 13 章

"待办事项"的存放——集合、泛型和反射机制

学习目标

- 了解集合、泛型和反射的概念。
- 掌握集合、泛型和反射在程序中的应用。
- 熟悉集合、泛型的使用。

13.1 案例描述

"待办事项"案例使用列表存放待办事项数据，首先定义一个Event类型的List对象，再通过遍历所取得的数据结果集不断地将数据库记录转化为新的Event对象，并存进List中。

13.2 集合框架的使用

Java 集合框架主要包括两种类型的容器：一种是集合（Collection），存储元素的集合；另一种是图（Map），存储键/值对映射。Collection接口又有 3 种子类型，List、Set 和 Queue，再下面是一些抽象类，最后是具体实现类，常用的有 ArrayList、LinkedList、HashSet、LinkedHashSet、HashMap、LinkedHashMap等，如图13-1所示。

集合框架是一个用来代表和操作集合的统一架构。所有的集合框架都包含如下内容：

接口：是代表集合的抽象数据类型。例如Collection、List、Set、Map等。之所以定义多个接口，是为了以不同的方式操作集合对象。

实现类：是集合接口的具体实现。从本质上讲，它们是可重复使用的数据结构，例如：ArrayList、LinkedList、HashSet、HashMap。

算法：是实现集合接口的对象里的方法执行的一些有用的计算，例如搜索和排序。这些算法被称为多态，那是因为相同的方法可以在相似的接口上有着不同的实现。除了集合，该框架也定义了几个 Map 接口和类。Map 里存储的是键/值对。尽管 Map 不是集合，但是它们完全整合在集合中。

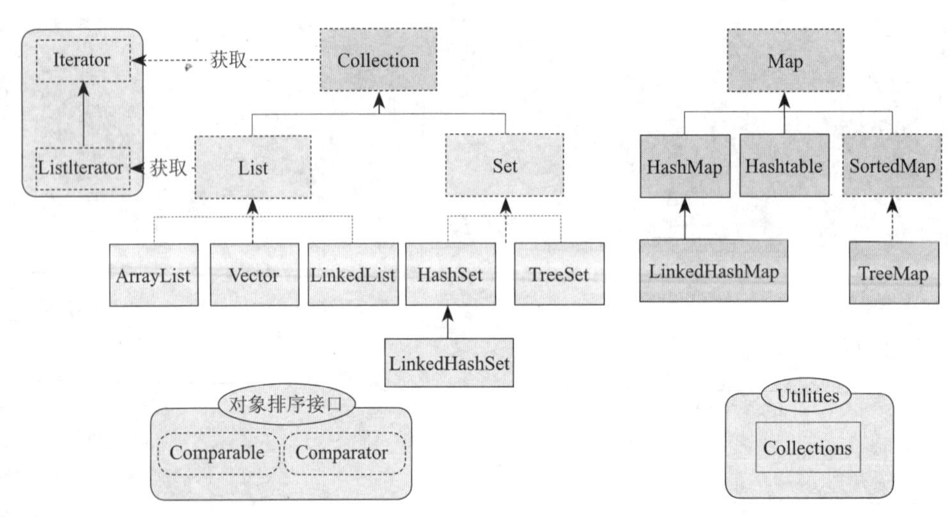

图 13-1　Java 集合框架

13.2.1　集合接口

1. Collection

Collection 是最基本的集合接口，一个Collection代表一组Object，即Collection的元素，Java不提供直接继承自Collection的类，只提供继承于它的子接口（如List和set）。Collection接口存储一组不唯一、无序的对象。

2. Set

Set中不能包含重复的元素。它是数学中“集合”概念的抽象，可以用来表示类似于学生选修课程或机器中运行的进程集合等。

3. List

List接口是一个有序的 Collection，使用此接口能够精确控制每个元素插入的位置，能够通过索引（元素在List中位置，类似于数组的下标）来访问List中的元素，第一个元素的索引为 0，而且允许有相同的元素。List 接口存储一组不唯一、有序（插入顺序）的对象。

4. Map

Map接口存储一组键值对象，提供key（键）到value（值）的映射。Map中不能包含重复的键值，每个键最多只能映射到一个值。Hashtable就是一种常用的Map。

5. Queue

Queue是存放等待处理的数据的集合，称为队列。Queue中的元素一般采用先进先出的顺序，也有以元素的值进行排序的优先队列。无论队列采用什么样的顺序，remove()和poll()方法都是对队列最前面的元素进行操作。

6. SortedSet和SortedMap

SortedSet和SortedMap分别是具有排序性能的Set和 Map。

13.2.2 集合实现类

集合接口的常用实现类有：ArrayList、LinkedList、Vector、HashSet、LinkedHashSet、TreeSet、HashMap、LinkedHashMap、TreeMap、HashTable等。

1. List

List接口是一个有序集合，继承自Collection接口。常用实现类有：ArrayList、LinkedList、Vector，这些类都在java.util包中。

ArrayList类采用可变大小的数组实现了List接口。除了实现List接口，该类还提供了访问数组大小的方法。ArrayList对象会随着元素的增加其容积自动扩大，这个类是非同步的（unsynchronized），即如果有多个线程对一个 ArrayList对象并发访问，为了保证ArrayList数据的一致性，必须在访问该 ArrayList的程序中通过 synchronized关键字进行同步控制。Arraylist是3种List中效率最高也是最常用的。它还可以使用 System.Arraycopy()方法进行多个元素的一次复制。除了非同步特性之外，ArrayList几乎与 Vector类是等同的，可以把 ArrayList看作是没有同步开销的 Vector。

Linkedlist类采用链表结构实现List接口。除了实现List接口中的方法，该类还提供了在List的开头和结尾进行get、remove和 insert等操作。这些操作使得 LinkedList可以用来实现堆栈、队列或双端队列。LinkedList类也是非同步的。

Vector类采用可变体积的数组实现List接口。该类像数组一样，可以通过索引序号对所包含的元素进行访问。它的操作方法几乎与ArrayList相同，只是它是同步的。

2. Set

Set继承了Collection接口，Set的方法都是从Collection继承的，它没有声明其他方法。实现了Set接口的3个实用的类是 HashSet类、TreeSet类和 LinkedHashSet类。

HashSet类是采用Hash表实现的Set接口。一个 HashSet对象中的元素存储在一个Hash表中，并且这些元素没有固定的顺序。由于采用Hash表，所以当集合中的元素数量较大时，其访问效率要比线性列表高。

TreeSet类实现了 SortedSet接口，采用一种有序树的结构存储集合中的元素。TreeSet对象中元素按照升序排序。

LinkedHashSet类实现了Set接口，采用Hash表和链表相结合的结构存储集合中的元素。LinkedHashSet对象的元素具有固定的顺序，它集中了 HashSet与 TreeSet的优点，既能保证集合中元素的顺序又能够具有较高的存取效率。

3. Map

Map包含了一系列的键值对，它的"键"和"值"可以是任意类型的对象。实现Map接口的实用类包括HashMap类、HashTable类、TreeMap类、WeekHashMap类和

IdentityHashMap类等。

HashMap类和 HashTable类都采用Hash表实现Map接口，HashMap是无序的，它与HashTable几乎是等价的，区别在于 HashMap是非同步的并且允许有空的键与值。由于采用Hash()函数，对于Map的普通操作性能是稳定的，但如果使用Iterator访问Map，为了获得高的运行效率最好在创建 HashMap时不要将它的容量设得太大。

TreeMap类与 TreeSet类相似，是采用一种有序树的结构实现了Map的子接口。

WeekHashMap类与 HashMap相类似，只是 WeekHashMap中的“键值”对在其键不再被使用时将自动被删除，由垃圾回收器自动回收。

13.2.3 集合元素的遍历

Java集合框架为集合对象提供了Iterator迭代器，用来遍历集合中的元素。在对一个Set对象的遍历中，元素的遍历次序是不确定的。List对象的遍历次序是从前到后。除了使用迭代器，也可以采用循环进行集合元素的遍历，一般有如下三种形式。

1. 传统的for循环遍历

假设有一个集合对象list，生成的代码如下：

```
List<String> list=new ArrayList<String>();
list.add("刘备");
list.add("张飞");
list.add("关羽");
```

for循环遍历集合对象list的常用代码如下：

```
for(int i=0;i<list.size();i++) {
     System.out.println(list.get(i));
}
```

遍历者自己在集合外部维护一个计数器，然后依次读取每一个位置的元素，当读取到最后一个元素后停止，按需要来读取元素。

2. 迭代器遍历

使用Iterator遍历集合对象list常使用的代码如下：

```
Iterator<String>  iter=list.iterator();
while(iter.hasNext()) {
     System.out.println(iter.next());
}
```

每一个具体实现的数据集合，一般都需要提供相应的Iterator。相比于传统for循环，Iterator取缔了显式的遍历计数器。所以基于顺序存储集合的Iterator可以直接按位置访问数据。而基于链式存储集合的Iterator，都是需要保存当前遍历的位置。然后根据当前位置来向前或者向后移动指针。

3. foreach循环遍历

foreach循环遍历集合对象list，通常使用如下代码：

```
for (String str : list) {
```

```
        System.out.println(str);
  }
```

foreach循环遍历让代码更加简洁，但是这种形式的遍历过程不能操作数据集合，如对数据进行增加、删除等，所以有些场合不适用。而且根据反编译的字节码可以发现，foreach内部也是采用了Iterator的方式实现，只不过Java编译器帮我们生成了这些代码。

13.3 泛型的使用

泛型，即"参数化类型"。一提到参数，最熟悉的就是定义方法时有形参，调用此方法时传递实参。那么参数化类型怎么理解呢？顾名思义，就是将类型由原来的具体的类型参数化，类似于方法中的变量参数，此时类型也定义成参数形式，然后在使用时传入具体的类型。

泛型的本质是为了参数化类型，也就是说在泛型使用过程中，操作的数据类型被指定为一个参数，这种参数类型可以用在类、接口和方法中，分别被称为泛型类、泛型接口、泛型方法。

13.3.1 泛型类

泛型类型用于类的定义中，被称为泛型类。通过泛型可以完成对一组类的操作，对外开放相同的接口。最典型的就是各种集合容器类，如List、Set、Map等。

泛型类的最基本写法：

```
class  类名称 <泛型标识符>{
  private 泛型标识符  成员变量名;
.....
  }
```

【例13-1】一个最普通的泛型类。

```
public class Generic<T>{
    private T key;
    public Generic(T key) {
         this.key=key;
    }
    public T getKey(){
         return key;
    }
}
public class Demo13_1 {
 public static void main(String[] args) {
    Generic<Integer> genericInteger=new Generic<Integer>(123456);
    Generic<String> genericString=new Generic<String>("key_vlaue");
    System.out.println("泛型测试:key is " + genericInteger.getKey());
    System.out.println("泛型测试:key is " + genericString.getKey());
 }
}
```

程序的某次运行结果如图13-2所示。

泛型测试:key is 123456
泛型测试:key is key_vlaue

图 13-2　例 13-1 运行结果

泛型的类型参数必须是引用类型，不能是简单数据类型。传入的实参类型需与泛型的类型参数类型相同。在使用泛型的时候如果传入泛型实参，则会根据传入的泛型实参做相应的限制，此时泛型才会起到本应起到的限制作用。如果不传入泛型类型实参的话，在泛型类中使用泛型的方法或成员变量定义的类型可以为任何的类型。

13.3.2　泛型接口

泛型接口与泛型类的定义及使用基本相同。

```
public interface Generator<T> {
    public T next();
}
```

当实现泛型接口的类未传入泛型实参时，在声明类的时候，需将泛型的声明也一起加到类中。当实现泛型接口的类传入泛型实参时，可以传入无数个实参，形成无数种类型的Generator接口。在实现类实现泛型接口时，如已将泛型类型传入实参类型，则所有使用泛型的地方都要替换成传入的实参类型。

【例13-2】泛型接口示例。

```
public interface Generator<T> {
    public T next();
}
public class FruitGenerator implements Generator<String> {
    private String[] fruits=new String[]{"Apple", "Banana", "Pear"};
    public String next() {
        Random rand=new Random();
        return fruits[rand.nextInt(3)];
    }
}
public class Demo13_2 {
  public static void main(String[] args) {
    FruitGenerator fruit=new FruitGenerator();
    for(int i=0;i<3;i++)
      System.out.println(fruit.next());
   }
}
```

Apple
Pear
Banana

图 13-3　例 13-2 运行结果

程序的某次运行结果如图13-3所示。

13.3.3　泛型方法

当类型参数出现在方法声明中，则定义的就是泛型方法。泛型方法的类型参数的作用域只限于声明它的方法。泛型方法的定义是在一般方法声明中增加了类型参数的声明。具体是在方法声明的各种修饰符与方法返回类型之间，增加一个带尖括号的类型参数列表，具体代码如下所示：

```
修饰符 <类型参数名> 返回值类型 方法名(类型参数名 参数名[, ...])
```

13.4 反射的使用

13.4.1 反射概述

Java反射机制是在运行状态中，对于任意一个类，都能够知道这个类的所有属性和方法；对于任意一个对象，都能够调用它的任意一个方法和属性。这种动态获取的信息以及动态调用对象方法的功能称为Java语言的反射机制。

要想剖析一个类，必须先要获取该类的字节码文件对象。而剖析类通常使用的是Class类中的方法，所以先要获取一个字节码文件对应的Class类型的对象。

反射就是把Java类中的各种成分映射成一个个的Java对象。一个类有成员变量、方法、构造方法、包等信息，利用反射技术可以在运行时对一个类进行剖析，把类的组成部分映射成一个个对象。

反射的关键就在于Class类，任何一个类都拥有一个Class对象。我们可以通过Class对象的方法获得一个类的组成部分。

13.4.2 通过反射获得构造方法

通过Class对象可以在程序运行时动态获得一个类的构造方法，并调用构造方法创建对象。

【例13-3】获得一个类的构造方法。

```
public class Student {
   private String name;
   public int age;
   public Student() {
   }
   public Student(int age) {
      this.age=age;
   }
   public Student(String name, int age) {
      this.name=name;
      this.age=age;
   }
   private Student(String name) {
      this.name=name;
   }
   private String getName() {
      return name;
   }
   private void setName(String name) {
      this.name=name;
   }
   public int getAge() {
      return age;
```

```
    }
    public void setAge(int age) {
        this.age=age;
    }
    }
    public class Constructors {
    public static void main(String[] args) throws NoSuchMethodException,
SecurityException,InstantiationException,IllegalAccessException,Illega
lArgumentException,InvocationTarget Exception {
        Class clazz=Student.class;
        // 获得所有公有的构造方法
        Constructor[] constructors=clazz.getConstructors();
        for (Constructor constructor : constructors) {
            System.out.println(constructor);
        }
        // 获得所有的构造方法
        Constructor[] constructorsAll=clazz.getDeclaredConstructors();
        for (Constructor constructor : constructorsAll) {
            System.out.println(constructor);
        }
        // 获得一个具有int数据类型的形参的构造函数
        Constructor constructor=clazz.getConstructor(int.class);
        System.out.println(constructor);
        Student student=(Student) constructor.newInstance(21);
        System.out.println(student.getAge());
    }
}
```

程序的运行结果如图13-4所示。

```
public Student(java.lang.String,int)
public Student(int)
public Student()
private Student(java.lang.String)
public Student(java.lang.String,int)
public Student(int)
public Student()
public Student(int)
21
```

图 13-4　例 13-3 运行结果

在上面的程序中我们通过反射能够获得一个类的所有的构造方法，包括私有的，并且通过获得的构造方法对象调用了类的构造方法创建了一个实例。

13.4.3　通过反射获得类中的方法

同样可以通过Class对象获得一个类的所有的方法，并且注入对象调用对象的方法。

【例13-4】通过反射获得类中的方法。

```
public class Methods {
```

```
    public static void main(String[] args) throws NoSuchMethodException,
SecurityException, IllegalAccessException, IllegalArgumentException,
InvocationTargetException {
        Class clazz=Student.class;
        Student student=new Student("张三", 21);
        // 获得所有的public 方法
        Method[] methods=clazz.getMethods();
        for (Method method : methods) {
            System.out.println(method);
        }
        System.out.println();
        // 获得所有的用户定义的方法
        Method[] methodsAll=clazz.getDeclaredMethods();
        for (Method method : methodsAll) {
            System.out.println(method);
        }
        Method method=clazz.getDeclaredMethod("getName", null);
        Method methodSetName=clazz.getDeclaredMethod("setName", String.
    class);
        System.out.println(method);
        System.out.println(methodSetName);
        // 设置暴力调用此处的getName方法为私有
        method.setAccessible(true);
        // 调用Method对象的invoke方法，传入实参
        System.out.println(method.invoke(student, null));
        }
}
```

程序的运行结果如图13-5所示。

```
public int Student.getAge()
public void Student.setAge(int)
public final void java.lang.Object.wait() throws java.lang.InterruptedException
public final void java.lang.Object.wait(long,int) throws java.lang.InterruptedException
public final native void java.lang.Object.wait(long) throws java.lang.InterruptedException
public boolean java.lang.Object.equals(java.lang.Object)
public java.lang.String java.lang.Object.toString()
public native int java.lang.Object.hashCode()
public final native java.lang.Class java.lang.Object.getClass()
public final native void java.lang.Object.notify()
public final native void java.lang.Object.notifyAll()

private java.lang.String Student.getName()
private void Student.setName(java.lang.String)
public int Student.getAge()
public void Student.setAge(int)
private java.lang.String Student.getName()
private void Student.setName(java.lang.String)
张三
```

图 13-5 例 13-4 运行结果

程序中，我们通过getMethods()和getDeclaredMethods()方法获得了一个类的所有的方法，其中getDeclaredMethods()获得的是用户自定义的方法，包括私有方法。也可以通过

getDeclaredMethod(name, args)方法获得一个类的指定方法，其中name为方法名，args为方法的形参列表。

13.4.4 通过反射获得类中的所有的成员变量

类的组成部分包括成员变量，所以我们依然能够通过反射在程序运行时动态地获得类中的成员变量。

【例13-5】通过反射获得类中的成员变量。

```
public class Fields {
    public static void main(String[] args)
            throws NoSuchFieldException, SecurityException, Illegal
ArgumentException, IllegalAccessException {
        Student student=new Student("张三", 21);
        Class clazz=student.getClass();
        // 获得所有用户自定义的变量，包括私有变量
        Field[] fields=clazz.getDeclaredFields();
        for (Field field : fields) {
            System.out.println(field);
        }
        System.out.println();
        // 获得所有公有变量
        Field[] fieldsAll=clazz.getFields();
        for (Field field : fieldsAll) {
            System.out.println(field);
        }
        System.out.println();
        // 获得指定名的变量
        Field fieldAge=clazz.getDeclaredField("age");
        System.out.println(fieldAge);
        // 为一个对象的变量动态赋值
        fieldAge.set(student, 25);
        System.out.println(student.getAge());
    }
}
```

程序的运行结果如图13-6所示。

```
private java.lang.String Student.name
public int Student.age

public int Student.age

public int Student.age
25
```

图 13-6　例 13-5 运行结果

在上面的程序中，我们可以看到，通过调用Class对象的getFields()方法可以获得一个类的所有公有变量，通过getDeclaredFields()方法可以获得一个类的所有用户自定义的变

量，包括私有的，也可以通过getDeclaredField(name)来获得指定变量，并且可以通过Field对象的set属性为一个对象的指定成员变量赋值。

13.5 “待办事项”案例中事项的存放

1. 实现思路

（1）在Java中，数组的长度是不可修改的，然而在实际应用的很多情况下，无法确定数据数量，这些数据不适合使用数组来保存，这时候就需要使用集合。“待办事项”案例中，EventDao类的listEvent()方法只使用了列表进行存放待办事项数据。

待办事项集合泛型

（2）定义一个Event类型的List集合，然后定义了一个Event类型的对象event，再通过遍历数据库记录，将所取得的数据结果集依次转化为新的event对象，并存进List中。

2. 程序编码

```
public  List<Event> listEvent() throws SQLException {
    con=con_MySQL.getCon();
    String sql="select * from event ";
    pst=con.prepareStatement(sql);
    rs=pst.executeQuery();
    List<Event> list=new ArrayList<Event>();
    Event event=null;
    while (rs.next()) {
       event=new Event(rs.getString("event_id"), rs.getString("text"),
                                                rs.getDate("date"),
          rs.getString("remind"));
       list.add(event);
    }
    return list;
}
```

习　题

1. 选择题

（1）在Java的集合框架接口中，继承于Collection接口的是（　　）。

A. List和Map　　B. Set和Map

C. List和set　　D. Map和 Queue

（2）如果数据需要以“键/值”对应存放，通常采用（　　）类。

A. HashMap　　B. HashSet

C. LinkedList　　D. ArrayList

（3）如果数据存放对顺序没有要求，应该优先选择（　　）类。

A. HashMap　　B. HashSet　　C. LinkedList　　D. ArrayList

（4）如果数据存放对顺序有要求，应该优先选择（　　）类。

A. HashMap　　B. HashSet　　C. LinkedList　　D. ArrayList

（5）可实现有序对象集合的类是（　　）。

A. HashMap　　B. HashSet　　C. TreeMap　　D. Stack

（6）不是迭代器接口（Iterator）所定义的方法是（　　）。

A. hasNext( )　　B. next( )　　C. remove( )　　D. nextElement( )

（7）下面说法不正确的是（　　）。

A. 列表 (List)、集合 (Set)、映射 (Map) 都是java.util包中的接口

B. List接口是可以包含重复元素的有序集合

C. Set接口是不包含重复元素的集合

D. Map接口将键映射到值，键可以重复，但每个键最多只能映射一个值

（8）下面方法中，不属于接口 Collection中声明的方法是（　　）。

A. add( )　　B. remove( )　　C. iterator( )　　D. put( )

（9）下面程序中定义了泛型集合，根据泛型的定义，可知第（　　）行程序编译出错。

```
01  public class GenericTest {
02      public static void main(String[ ] args) {
03          List<string> list=new ArrayList<String>( ) ;
04          list. add("qqyumidi");
05          list. add("corn");
06          list. add(100);
07          for (int i=0; i<list.size( ); i++) {
08              String name=list.get (1) ;
09              System. out. println("name: " +name ) ;
10          }
11      }
12  }
```

A. 03　　B. 04　　C. 06　　D. 08

（10）定义变长数组list，其元素类型为整型对象，下面正确的定义是（　　）。

A. List<Integer> list=new ArrayList<Integer>( );

B. List<String> list=new ArrayList<String>( );

C. List<Float> list= new Array List<String>( );

D. List<Integer> list=new ArrayList<String>( );v

2. 思考题

（1）在Java语言中，和集合有关的接口和类有哪些？它们的性能怎样？

（2）数组和集合的主要差别表现在哪些地方？

（3）什么叫泛型？如何定义泛型集合？如何遍历泛型集合？